草原民俗风情漫话

漫话蒙古奶茶

田宏利／编著

内蒙古人民出版社

图书在版编目（CIP）数据

漫话蒙古奶茶/田宏利编著. –呼和浩特:内蒙古人民
出版社,2018.1(2020.6 重印)
（草原民俗风情漫话）
ISBN 978-7-204-15223-0

Ⅰ.①漫… Ⅱ.①田… Ⅲ.①蒙古族-乳饮料-介
绍-中国 Ⅳ.①TS275.4

中国版本图书馆 CIP 数据核字(2018)第 004877 号

漫话蒙古奶茶

编 著	田宏利
责任编辑	王 静
责任校对	李向东
责任印制	王丽燕
出版发行	内蒙古人民出版社
地 址	呼和浩特市新城区中山东路 8 号波士名人国际 B 座 5 楼
网 址	http://www.impph.cn
印 刷	内蒙古恩科赛美好印刷有限公司
开 本	880mm×1092mm 1/24
印 张	8.75
字 数	200 千
版 次	2019 年 1 月第 1 版
印 次	2020 年 6 月第 2 次印刷
书 号	ISBN 978-7-204-15223-0
定 价	36.00 元

如发现印装质量问题,请与我社联系。联系电话:(0471)3946120

编委会成员

序

　　北方草原文化是人类历史上最古老的生态文化之一，在中国北方辽阔的蒙古高原上，勤劳勇敢的蒙古族人世代繁衍生息。他们生活在这片对苍天、火神、雄鹰、骏马有着强烈崇拜的草原上，生活在这片充满着刚健质朴精神的热土上，培育出矫捷强悍、自由豪放、热情好客、勤劳朴实、宽容厚道的民风民俗，创造了绵延千年的游牧文明和光辉灿烂的草原文化。

　　当回归成为生活理想、追求绿色成为生活时尚的时候，与大自然始终保持亲切和谐的草原游牧文化，重新进入了人们的视野，引起更多人的关注和重视。

　　为顺应国家提倡的"一带一路"经济建设思路和自治区"打造祖国北疆亮丽风景线"的文化发展推进理念，满足广大读者的阅读需求，内蒙古人民出版社策划出版《草原民俗风情漫话》系列丛书，委托编者承担丛书的选编工作。

　　依据选编方案，从浩如烟海的文字资料中，编者经过认真而细致的筛选和整理，选编完成了关于蒙古族民俗民风的系列丛书，将对草原历史文化知识以及草原民俗风情给予概括和介绍。这套丛书共 10 册，分别是《漫话蒙古包》《漫话草原羊》《漫话蒙古奶茶》《漫话草原骆驼》《漫话蒙古马》《漫话草原上的酒》《漫话蒙古袍》《漫话蒙古族男儿三艺与狩猎文化》《漫话蒙古族节日与祭祀》《漫话草原上的佛教传播与召庙建筑》。

　　丛书对大量文字资料作了统筹和专题设计，意在使丰富多彩的民风民俗跃然纸上，并且向历史纵深延伸，从而让读者既明了民风民俗多姿多彩的表现形式，也能知晓它的由来和在历史进程中的发展。同时，力求使丛书不再停留在泛泛的文字资料的堆砌上，而是形成比较系统的知识，使所要表达的内容得到形象的展播和充分的张扬。丛书在语言上，尽可能多地保留了选用史料的原创性，使读者通过具有时代特点的文字去想象和品读蒙古族民风民俗的"原汁原味"，感受回味无穷的乐趣。丛书还链接了一些故事或传说，选登了大量的民族歌谣、唱词，使丛书在叙述上更加多样新颖，灵动而又富于韵律，令人着迷。

　　这套丛书，编者在图片的选用上也想做到有所出新，选用珍贵的史料图片和当代摄影家的摄影力作，以期给丛书增添靓丽风采和厚重的历史感。图以说文，文以点图，图文并茂，相得益彰。努力使这套丛书更加精美悦目，引人入胜，百看不厌。

　　卷帙浩繁的史料，是丛书得以成书的坚实可靠的基础。但由于编者的编选水平和把控能力有限，丛书中难免会有一些不尽如人意的地方，敬请读者诸君批评指正。

编　者

2018 年 4 月

目录 contents

目录 contents

奶茶一曲释乡愁

01

有人说，奶茶是蒙古人与心相随的思乡情结，无论你在哪里，在世界的任何角落，只要喝到一碗奶茶，就有了故乡犹在的感觉。无论你离开草原多久，多远，奶茶早已成为无数草原人兑现乡情的一种方式。若要真正了解牧民的生活和胸怀，就请从一碗奶茶开始。

"夜色悄悄地降落在草原，炉火映红了阿妈的脸庞；沸腾的奶茶荡漾着浓浓的醇香，牧归的羊群已进入梦乡"。《故乡的奶茶》香飘神州，温情漫流中华大地，多少在外漂泊的草原游子，都被这一曲温情而动听的旋律打动。

　　这首由我区著名词作家乔明先生作词，作曲家乌兰托嘎先生
谱曲，著名歌手孟根演绎的歌曲，在 2012 年北京举办的全国第
十二届精神文明建设"五个一工程"颁奖晚会上，获得了原创类
歌曲的大奖。

　　《故乡的奶茶》是草原阿妈的祝福。草原阿妈是多情、善良、
不求回报的化身，心里充满着朴实的爱。奶茶蕴含着阿妈的辛劳、
汗水和快乐。"沸腾的奶茶送来深深的祝福，远归的游子已热泪

盈眶"。当无数在外漂泊的草原游子们听到这首歌曲时，都潸然泪下。正所谓"故乡的奶茶，是我心中永远，永远的牵挂"。

北方草原气候寒冷，滚烫的奶茶可以驱寒。草原奶茶风味独特，奶香浓郁，益于健康。不知多少春日的阳光，不知多少夏季的雨水，不知多少炽热的心才能熬制出那一碗香甜的奶茶。在热乎乎的奶茶里再添上一勺黄油，黄油立即化作一滴滴黄亮晶莹的油珠，味道更加独特。当茶碗里的奶疙瘩、奶皮子、油炸馃子被泡得微微发胀，多种风味一同融入奶香，喝上一大口，咸中带甜，绵甜爽滑，热乎乎的奶茶便从喉咙一直流到了心里。不禁使人想到巴音布鲁克大草原，绿草、蓝天、白云与成群的牛羊，东归的故事不再凄凉，天鹅在九霄演绎爱的绝唱。不禁感叹，信马由缰的游牧生活，因这香浓的奶茶而显得更加自在、洒脱，蒙古人粗犷豪放的性格，也因香浓的奶茶增添了几分精致与细腻。与蒙古奶茶的邂逅，也是与蒙古族文化的相逢。

草原奶茶，犹如月色下的潮汐，敲打人们深夜之梦；犹如碧浪起伏的草原，呼唤人们返璞归真。现代都市的寒夜和忙碌的人们，无不渴望着那一碗溢满思恋的奶茶、一缕温柔的炊烟、阿妈纤瘦的双手和亲人呼唤的目光。原来，光泽出自细腻，芬芳出自心灵，《故乡的奶茶》让我们懂得了纯良质朴的生活，《故乡的奶茶》让我们超越了对世俗虚浮的华丽追求。

"月亮悄悄地染亮了牧场，阿妈的歌声温暖我心房"。《故乡的奶茶》以奶茶为引导，把阿妈的祝福和温情带进了人们的情思意绪，使人们在深深的眷恋和祝福中品尝着大草原的韵味。这

是一种浓情挚意完美的体现，营造出那样广阔而深邃的境界。它将故乡作为情感的背景，展现出醉人的画面和真情，从而使人走进那遥远、辽阔，弥漫着诗意的牧场。

蒙古族的茶饮品主要是指砖茶、红茶以及其他植物制作的饮料。所有茶饮料中，奶茶是蒙古人饮用最普遍的日常饮品。在中国的茶文化中，蒙古奶茶堪称是一朵奇葩。

奶是纯鲜奶，茶是砖块茶，奶茶，这种看似简单而又普通的饮品，其中却蕴含着多少岁月悠远的文化沉淀和丰富多彩的民俗风情。

传说在成吉思汗时期，蒙古兵出征时无须带更多的粮草，有了砖茶，便等于有了粮草。人饮砖茶水，耐渴、耐饥、神清气爽；牲畜食砖茶渣子，胜过草料的功能。而今，奶茶的浓香早已融入岁月的长河，沉淀了多少数不清的过往故事和趣说传奇，留给后人们去了解、去聆听、去发掘。

草原歌曲就像草原一样，它的每一次包容和延伸都具有深意，并不是随意而为之。因此，当代草原歌曲依然是古老牧歌和民间艺术的继承者和发扬者，每一句歌词和每一段旋律总能绽放出或艳丽，或淡雅的史诗之花，就如在《故乡的奶茶》中唱到的那样："故乡的奶茶，醇香的奶茶，你讲述着草原古老的故事"。

有人说，奶茶是蒙古人与心相随的思乡情结，无论你在哪里，在世界的任何角落，只要喝到一碗奶茶，就有了故乡犹在的感觉。无论你离开草原多久、多远，奶茶早已成为无数草原人兑现乡情的一种方式。若要真正了解牧民的生活和胸怀，就请从一碗奶茶开始。

蒙古包里奶茶香

02

中原儒家文人以茶自省，获得现实的精神力量；而西北各族以茶敬神与佛，从彼岸世界寻求未来的解脱。茶对精神世界的意义，为中华各族人民所共同关注，这在世界饮食文化史上也是十分罕见的现象。

在草原上，到处飘着奶茶的芳香。牧民们长期过着毡车毛幕，逐水草而居的生活，不论迁徙如何频繁，都不忘熬上一锅浓香的奶茶。我和几位朋友曾有幸在真正的草原上，领略过地道纯正的

蒙古奶茶。

驱车行进在夏末的草原上，道路两旁的草尖儿上已经泛出了些许微黄，只有高山脚下的背阴处依然水草丰茂。车到了当地蒙古族朋友家的蒙古包，主人早已恭候多时。现如今，牧民们都已有了定居点，家中的财物也都存放了定居点里，草原上实行了网围栏的区域划分，牧民们放牧也较为固定，草原上的蒙古包也逐渐形成了相对固定的住所，有的牧民还把自家的蒙古包建成了草原旅游的接待点。

热情的主人把我们迎进蒙古包，帐幕中的陈设十分简单，北部是高出地面尺余，自然形成的床炕，铺着毛毡，叠着花被。沿帐子的地围边上，散放着一些简单的生活日用品。不过在帐子的正中突出的位置，却垒着一个土灶，上面架着一只火撑子，旁边搁着一个木桶，桶里放着几把长柄的勺子。火撑子里的炭火烧得

正旺，上面放了一只大铁锅，从锅盖边沿的缝隙处不断地向外冒着蒸汽。男主人微笑着邀请我们坐下，我们面前的地毡上摆着一张长条茶几，上面放了好些个碗、盘子和吃碟，碗和盘子里盛着炒米、奶豆腐、果条、馓子和肉干，吃碟里搁着盐和糖，这时候女主人一手捧了一个罐子、一手提着一只奶桶走进帐子，向我们问候之后，便走向地当中的土灶旁，放下奶桶，打开锅盖，从罐子里抓出几把捣碎的砖茶放进铁锅沸腾的开水里，顺手从桶里取出一把长柄勺子，在锅里搅了几下，不一会儿，一股茶香充满着

整个帐房。主人和我们正说话间，主人家的客人也到了，客人到来，大家起身相迎，按长幼身份次第坐于主人两旁，同来的当地朋友则坐于下首陪客位置，妇女在次下位就座。

这时就见女主人把地上的奶桶拎起来，一边徐徐地向锅里倾倒着洁白的奶子，一边用勺子把锅里的茶汁频频地拉起、冲入，拉起、冲入。我们这些外来的客人们看着女主人的操作，真是感觉大有陆羽烹茶时"育华""投华""救沸"的风格。

正当我们还沉浸在这别有风情的场景中兀自神游时，主人已将一碗碗褐色的乳茶端到了我们面前。

内蒙古地区海拔较高，气候寒冷干燥，牧民平时很少饮用白水，一日三餐都以茶水相伴。据调查，大多数成年牧民每日的饮茶量在 4 升以上，内蒙古地区牧民每年人均消耗砖茶 2.54 公斤。夏季，饮茶可以清热祛暑；寒冷的冬季，受寒时，喝加黄油的奶茶出汗后可以驱寒，身体能很快得到恢复。

蒙古族奶茶不仅仅是一种饮料，也是地地道道的主食。在内蒙古地区，奶茶具有替代饮食的功效。蒙古族牧民的早餐通常是奶茶泡炒米，再加少许奶油、奶皮、奶豆腐等，午餐则比较简单，有时喝奶茶、吃一些面食或炒米便是午餐。《黑龙江外记》中记载："土人（指蒙古人）熬饮黑茶，间入奶油、炒米以当饭。"

牧民们每日三餐都要喝奶茶，每天没有三次奶茶，第二天便觉头晕无力。所以，奶茶便成为每日三餐的主要食品了。牧民饮奶茶，早、午便是正餐，晚上牛羊归栏，坐在自家包里慢慢地品，才算喝全了一天的奶茶。而奶豆腐和炒米却并不经常吃，是备着远行、转场放牧和待客用的。

奶豆腐是奶中精品，牧民们自家制作的奶豆腐，外形和汉人做的豆腐相仿，平日里就一大块一大块地摊晾在蒙古包外面的帐幕上，吃上一小块，顶上半天都不会觉得饥饿。待客时切成小的方块，也可蘸着白糖吃。吃着这几样东西，我才进一步理解，为

什么在过去牧民们会把茶视为生命。日常食用的牛羊肉类、奶豆腐、炒米都不好消化，草地上草木葱茏，却很难长出菜蔬。据说，奶豆腐到城市里卖几十元一斤，而此地一小袋青菜就可换上好几斤。既然菜蔬缺乏，茶便是帮助消化和增加维生素的唯一来源了。

在草原上，奶茶不仅用于日常生活和待客，在重大节日里，同样有十分尊贵的意义。如请喇嘛诵经，事毕要献哈达，并赠砖茶数片。每年秋季盟、旗召开的那达慕大会，都要行奶茶之礼，会上交易更以砖茶为大宗。

西北地区的其他少数民族，同样爱饮奶茶。茶在西北民族中也常用于婚礼，订婚彩礼旧时是少不得砖茶的。由于西北民族多信佛教，而佛教与茶一向有着不解之缘，所以奶茶也是敬佛、敬神之物。中原儒家文人以茶自省，获得现实的精神力量；而西北各族以茶敬神与佛，从彼岸世界寻求未来的解脱。茶对精神世界的意义，为中华各族人民所共同关注，这在世界饮食文化史上也是十分罕见的现象。

奶茶的吃法与藏族的酥油茶大体相仿，你不能一口气全都喝完，总要留一些茶底让主人不断地添加。一口气喝完最后的礼节，开头便一饮而尽就是不给主人留下频频敬客的余地，这在草原上是很不恭敬的。牧民们喝奶茶一般是加盐，不过现在为了表示对外来客人们的特别敬重，待客的时候则同时放下白糖与盐巴，任你自由选择和添加，让你的舌尖品尝着咸、甜的不同滋味，再抓一把炒米直接放在奶茶里面一起饮用，更是别有一番滋味。

主人尽到了情谊，客人说完所有祝福话，这最后一碗奶茶便可饮尽了。于是，客人施礼相谢，主人出帐送行，这"奶茶敬客"之礼才算完毕。走出帐幕，望着那蓝天、白云、牛羊、茂草，我们对草原上的"奶茶文化"又有了一层新的认识。

远道而来的茶文化

03

茶是生长于热带及亚热带地区的植物，受自然条件限制，蒙古地区自古并不产茶，所需茶叶皆来自南方产茶地区，据史料记载，茶最初是流行于云贵川一带的地域性饮料，伴随着交通的发展和文化交流的增多，茶叶逐渐从南方的产茶地区传入北方地区。

我们大家都知道，奶茶最基本的原材料就是鲜奶和茶。自古以来，北方游牧民族最基础的生产方式就是从事畜牧业，日常生活当中的各项所需，都是取自于草原上牧养的马、牛、羊、驼等家畜，古代从匈奴至蒙古都是"人食其肉，饮其汁，衣其皮"（《史

记·匈奴列传》），所以，草原上的游牧民族从来都不缺少各类
家畜的乳汁。不过，乳汁虽然能够随取随用，可是草原上却是生
长不出茶树的，那么从未接触过茶饮文化的蒙古族人，又是如何
将鲜奶与茶叶完美地结合在一起，做成味道香醇的奶茶的呢？

　　众所周知，我国是茶文化的发源地，种茶，制茶，饮茶都起
源于中国。我国第一部药物学专著《神农本草》中记载："神农
尝百草，日遇七十二毒，得茶而解之。"由此传说可以得知，中
国茶文化有着悠久的历史。茶是生长于热带及亚热带地区的植物，
受自然条件限制，蒙古地区自古并不产茶，所需茶叶皆来自南方
产茶地区，据史料记载，茶最初是流行于云贵川一带的地域性饮

元代绘画煮汤图

料，伴随着交通的发展和文化交流的增多，茶叶逐渐从南方的产茶地区传入北方地区。

宋朝以前，汉地和北方少数民族之间还没有大宗的茶叶贸易，两宋时期，与北宋、南宋并立的还有诸如北部的辽王朝，以及取代辽王朝的金王朝、西北的西夏王朝等几个少数民族的地方政权，由于宋王朝与辽、金和西夏之间一直频繁发生战争，国力资源日渐匮乏，而且冷兵器时代的战争需要大量的马匹供应，而中原地区由于以农耕垦殖为主的生产结构，马匹的饲养和数量十分有限，因此，宋王朝组织了大规模的以茶叶、绢丝为主的贸易活动，与北方各少数民族交换和购置军用马匹，同时在国内征收重税，用以补充军需。宋朝的茶马互市，促进了茶叶和茶饮文化向少数民族地区的广泛传播，北方少数民族的饮茶习俗逐渐形成。

宋仁宗景祐五年（1038），元昊统一各部后称帝，建都兴庆府（今宁夏银川），随后入侵中原，庆历四年（1044）双方议和，宋每年给西夏7万两银，15万匹绢，3万斤茶叶。可见，当时西夏统治地区对茶叶有很大的需求，而且已经形成了日常饮茶的生活习惯。宋辽"檀渊之盟"后的百年对峙时期，北宋与辽的"榷场贸易"中，茶叶成为宋人输往辽境的大宗商品。根据朱彧《萍洲可谈》记载："先公使辽，辽人相见，其俗先点汤，后点茶。至饮会亦先水饮，然后品味以进。"朱彧的父亲朱服，曾奉命使辽，体验了辽人的饮茶习俗。《金史·食货志四·茶》中记载：金人用茶"自宋人岁供之外，皆贸易于宋界之榷场"；泰和六年（1206），尚书省奏"比岁上下竞啜，农民尤甚，市井茶肆相属"。由此可见，金朝上至王公贵族，下至普通百姓皆爱饮茶。茶叶出自宋地，金朝对茶叶需求一方面导致钱财耗费甚重，另一方面加重了对宋

元代墓壁画煮茶图

朝的依赖，对国防造成威胁，以至于金朝不断下令禁茶。

　　蒙古先民生活的地区与宋、辽、金、西夏相邻，在与周围民族的交往中，受到了茶文化的影响。成书于13世纪的《蒙古秘史》提到了怯薛军偷茶叶被罚一事。元太祖十六年（1221），南宋赵

珙出使蒙古，辞别之日，木华黎说："凡好城子多住几日，有好酒与吃，好茶饭与吃。"这里就提到了以茶款待。长春真人丘处机在《长春真人西游记》中记载："车驾北回，在路屡赐葡萄酒、瓜、茶食。"耶律楚材随成吉思汗西征，在《赠蒲察元帅七首》的诗中也有"一碗清茶点玉香"的句子，说明蒙古军营中也饮茶。从这些文献可以得知，至迟于13世纪蒙古人已经开始饮茶了。

13世纪末忽必烈建立元朝，统一全国后，江淮以南产茶之地尽入版图，元世祖忽必烈于1268年下诏开办"榷场"采买蜀茶，从1275年起范围逐渐扩大到"榷买"江南各地之茶，在1276年已设置常胡等处茶园都提举司，其职责是"采摘茶芽，以供内府"。宫廷所饮的"御茶，则建宁茶山别造以贡，谓之'嗽山茶'，下有泉一穴。遇造茶则出，造茶毕则竭矣。比之宋朝蔡京所制龙凤团，

费则约矣。民间止用江西末茶、各处茶叶。"这些文献说明元朝建立之初，宫廷就开始饮茶，且所用御茶用清泉制茶，质量上乘。元朝宫廷营养学家忽思慧，在元仁宗延佑年间任宫内饮膳大臣，主管宫廷饮食药材补益事项，积累了丰富的营养学知识，集诸家本草、名医方术和宫廷日常所用饮食，于天历年间著《饮膳正要》一书。书中记载宫廷饮茶所使用的水："今内府御用之水，常于邹店取之，源自至大（1308—1311）初，武宗皇帝幸柳林飞放，请皇太后同往观焉，由是道经邹店，因渴思茶"，属下用当地井水，"煎茶以进，上称其茶味特异，内府常进之茶，味色双绝。……自后，御用之水，日必取焉。所造汤茶，比诸水殊胜"。众所周知，蒙古人解渴常用的是马奶子，皇帝出行时有专用的马群随同，武宗"因渴思茶"，显然他的生活习惯已经有了重大变化，茶成了重要的饮料。

元代奉茶图

元朝宫廷饮茶的种类很多，《饮膳正要》一书记载的茶叶种类就有19种。同时，书中还记载了一些茶的制作方法。例如："炒茶，用铁锅烧赤，以马思哥油（马思哥油，亦云白酥油。就是从牛奶中提炼的奶油。）、牛奶子、茶芽同炒成"。"兰膏，玉磨末茶三匙头，面、酥同搅成膏，沸汤点之。""玉磨茶，以上等紫笋和苏门炒米，一同拌合匀，入玉磨内，磨之成茶。""酥签，金字末茶两匙头，入酥油同搅，沸汤点服。""炒茶""兰膏""酥签"虽然制作方法各有不同，但有一个共同点，那就是都加进了酥油。陈高华在《元代饮茶习俗》一文中指出：蒙古族的这种饮茶方式

与汉族有很大的不同，而与藏族的酥油茶做法相似，大概是受到藏族的影响。唐朝时期，茶叶已经传入吐蕃地区，藏族人因地制宜地发展了藏族的饮茶方式。蒙古兴起之后，在13世纪40年代与吐蕃地区建立了联系。自此以后，藏传佛教的领袖受到蒙古大汗和历代元朝皇帝的尊奉，藏族文化对蒙古族有着很大的影响，元代蒙古人的饮茶方式，既接受了汉族的传统方式，又受到藏族的影响，至于现在流行的奶茶，大概就是从酥油茶演变而来的，在元代尚未见诸记载。

明朝兴起之后，对蒙古进行经济封锁，明朝政府还"以茶制边"，利用茶叶的垄断权来控制蒙古。朝廷专门设立了官营的"茶马司"，严格管理茶叶的贸易，由官方发给茶商特许证"茶引"，没有"茶引"，不能经营茶叶。明朝廷还规定将贩茶者与贩私盐者同罪。因此，明朝初期，茶叶从汉地运往蒙古地区十分困难。虽然茶叶来源困难，但蒙古统治者仍习惯于饮茶。蒙古文史料记

载，蒙古达延汗之妻赛因满都海可敦因为萨岱多郭朗的话错了，就把一杯热茶倒在他的头上。

由以上史料可知，成吉思汗时代至明朝初期，蒙古人已有饮茶习俗，饮茶之风盛行于蒙古上层。但此时，蒙古族普通百姓的饮茶习惯尚未形成。在这个时期的西方人的游记中没有关于蒙古人饮茶的记载，无论是《马可·波罗游记》《柏朗嘉宾蒙古行记》，还是《鲁布鲁克东行记》，在记叙蒙古人饮食习俗时，都没有对茶的涉及，当时蒙古人的主要饮料是马奶子、葡萄酒、米酒、蜜酒等。扎奇斯钦著《蒙古文化与社会》一书指出："在16世纪70年代以前，一般的蒙古人并不饮茶，也没有茶自汉地输入蒙古。"

16世纪下半叶，藏传佛教在蒙古地区盛行，佛教渗入蒙古人的思想和日常生活，使其风俗多被打上佛教的烙印。首先是喇嘛与蒙古上层人物开始喝茶，在一些著名的佛教圣地，饮茶之风日盛，比如五台山，"蒙古王公常遣其属来熬茶"。久而久之，蒙古民众争相效仿，逐渐养成饮茶习惯，于是，蒙古正式向明朝廷请开茶市，《明史·食货志》记载："万历五年（1577）俺答款塞，请开茶市。"明朝在得胜堡、新年堡、守口堡，宣府张家口、山西永泉营、延绥红山寺堡，宁夏清水营、中卫、平虏卫，甘肃洪水扁都口、高沟寨等处，开设马市。每年定期开市一两次，明朝派官员管理，驻兵维持，称为官市；同时民间贸易也有所发展，称为私市。清代康熙年间，随着国家边境的确立和战事的减少，政府对马匹的需求不如往日迫切。于是"罢中马之制，令商纳税银"，并削减茶马司，茶马互市随之取消，开放了汉蒙民族贸易。随着茶马互市制度的废除和贸易的开放，内地商人深入蒙古腹地经商，主要经营茶叶、布匹、粮食及日杂用品，自由开放的贸易形势，刺激了茶叶向蒙古地区的广泛传播和蒙古族茶文化的繁荣发展。蒙古人不分阶层皆喜爱饮茶，认为"腥肉之食，非茶不消"，以致最终形成了日常生活中不能不喝茶的习惯。

草原牧民饮食杂谈

04

有学者认为，蒙古族与茶文化的接触，大致应
与契丹、回纥等少数民族相似，即公元8—10世纪左右。

茶是中国传统的也是最流行的饮料。顾炎武《日知录》云"秦
人取蜀而后，始有茗饮之事"。西汉王褒《僮约》中记载蜀西民
间贸易活动："牵犬贩鹅，武阳买茶。"武阳在今四川蓬山境内，

茶叶的商品化以此为发端。南朝时中原饮茶风气渐开。隋统一中国后，饮茶风俗进一步在北方传播。到南宋时，"盖人家每日不可阙者，柴米油盐酱醋茶。"在中国历史上，饮茶在唐代开始流行，至宋大盛。据史料表明，公元9世纪初期，中国的茶文化与佛教一同被传入日本、朝鲜及阿拉伯诸国，17世纪传播到欧洲诸国家，并成为其饮食文化的重要组成部分。

中国的茶文化，作为一种如水一般流动的文化形态，每每到达一个新的传播节点，就会非常自然地渗入周边的地区和文明当中。中国历史的发展进程里，中原文化和北部游牧民族文化从未间断，同时，北方游牧民族之间的文化交流和融合进程较为一致，有学者认为，蒙古族与茶文化的接触，大致应与契丹、回纥等少数民族相似，即公元8—10世纪左右。而形成自己的茶文化并有一定的发展，却要等到13世纪的民族大融合时期了。

《事林广记》中的元代待客图

　　13 世纪初期蒙古崛起，至元朝灭宋统一中原，元朝的统治者们开始接触到中原文明的体现之一——茶文化。但在 13 世纪末之前，史料中尚未有蒙古人喝茶的记载，乃至在这一时期来到元朝，主要生活于蒙古和色目人中间的意大利人马可·波罗，也没有在他的行记当中提到过饮茶这种日常的生活行为。《元史》中记载，末代皇帝惠宗妥懽帖睦尔很喜欢喝茶，有专门的侍女为他沏泡茶水。由此可见，蒙古贵族喝茶，很显然是因为在内地生活久了，受到了汉人饮食文化习俗的影响。

　　《饮膳正要》中还提到了受藏族饮食文化影响、按蒙古族饮食习俗方式改造过的茶类，如炒茶、兰膏、酥签等茶，都是在茶汤中加入了酥油等其他食物制成。由于这种带有异域风情的酥油茶味道独特，很快就开始在宫廷里流行，同时也很受当时各地的汉族和其他民族欢迎。于是，在元朝宫廷里的贵族们和在内地任职的蒙古官员，开始对中原地区以及南方的各种茶饮文化都渐渐产生了浓厚的兴趣。那么，这个时候仍然生活在草原上的牧民们是不是也开始与茶结缘了呢？有元代的著作中提到说：在上都（今正蓝旗境内）等北方地区产有女须儿、温桑茶和被称作纳石的靼

鞑茶，当时草原上的牧民们也会采集这些植物的茎叶泡水喝，不过，这些植物都还称不上是正宗的茶叶，只是茶的代用品。当时草原上的牧民们拿这些植物来替代茶叶是不是一个普遍现象？一直到现在也还没有十分可靠的史实和资料用来证明。

不过，现在有一点可以肯定的是，有元一代虽然蒙古人开始喝南方的茶，但仅限于进入内地的蒙古人，饮茶这件事，还没有融入整个蒙古族的饮食习惯里面，至于将茶与奶结合起来做成奶茶，则更是完全不见于记载，也就是说，元代的蒙古人不喝奶茶。

1368年，朱元璋建立大明朝，在中原统治了近九十年的蒙古政权又回到了大草原上，史称北元或明代蒙古。北元尽管同明朝南北对峙，双方战争不断，但历史上游牧社会生活需要农产品作为补充的情况，并没有任何改变，所以双方的交易从未因战争而中断。据史料记载：在明朝建立之后的200余年间，蒙古各部曾无数次同明朝以各种方式进行贸易，其中蒙古向明朝索要的物品，或者明朝给予蒙古的"赏赐"，主要是绢缎衣帽、金银钞币、粮食药材及其他各种手工业品，种类繁多，值得注意的是，这里面完全没有茶。由此可以推断，元代喝茶的蒙古人只是极少数，远没有形成全民族的嗜茶习惯，蒙古人一旦回归草原，便将饮茶的事儿忘得一干二净；明朝当然也知道蒙古人对茶没有需求，所以很长时间内未将茶叶当作商品或赐品给予蒙古人。

这个情形在万历五年（1577）发生了变化，《明史·食货志四》说，这一年，"俺答款塞，请开茶市"。蒙古人为什么突然对茶产生了兴趣？原来，是因为他们同藏传佛教建立了联系。

隆庆五年（1571）"俺答封贡"后，蒙古右翼与明朝实现了长久和平，随即土默特部首领俺答汗皈依藏传佛教，他在万历五年动身前往青海，准备会晤西藏佛教格鲁派领袖索南嘉措（三世达赖）。藏族自唐朝起即已嗜茶成习，到明代甚至"番人嗜乳酪，不得茶，则困以病"，所谓番人，即指以藏族为主的西部各少数民族。《明神宗实录》万历五年九月己未条载："俺答投书甘肃军门，乞开茶市"，要求以马易茶，巡按御史李时成认为，俺答"既称迎佛（索南嘉措），僧寺必须用茶，难以终拒"，但是不可开市，"惟量给百数十篦，以示朝廷赏赍之恩"。为何不可开市？明朝一直与"番人"实行茶马互市，官方和商人以内地之茶换取番人的马匹，同时以茶制约番人。当时青海的蒙古各部势力强大，明朝担心一旦同蒙古人以茶易马，蒙古人便会垄断这一市场，"番

以茶为命。北狄（蒙古）若得，藉以制番，番必从狄，贻患匪细"（《明史·食货志四》），所以明朝宁可免费赠送一些茶叶给蒙古人，也绝不答应与其茶马互市。

由此看来，蒙古人向明朝提出茶叶要求，首要目的是为了嗜茶如命的西藏喇嘛。不过，迅速皈依藏传佛教的蒙古人，也很快学会了饮茶。万历八年（1580），俺答汗从青海回到土默特，不少西藏喇嘛也一同前来，俺答向明宣大总督郑洛提出，"西僧甚多，常吃茶"，要求"每年准卖一二千"，同时俺答因有女儿出嫁，希望郑洛给予一些"夷地不产"的礼物，其中包括"好茶五百包"。郑洛虽未能满足俺答的全部要求，但也量力赠予（郑洛《抚夷纪略》）。

万历十六年（1588），三世达赖病逝于在蒙古传教过程中，土默特首领扯力克和著名的三娘子护送达赖骨灰回藏，在青海与明朝军队发生边境冲突。为避免冲突升级，在三娘子的斡旋下，扯力克率众返回土默特，为此三娘子在万历十九年（1591）写信给明朝经略尚书郑洛，表示无意破坏双方多年的和平局面，同时以银十两，请郑洛为她代买一些小物件，其中有"茶八篦"（三娘子《与经略尚书郑洛书》）。明朝与番人茶马互市，茶以篦（篓筐）为计量单位，"每千斤为三百三十篦"（《明史·食货志四》），1篦约为3斤，三娘子所要的茶八篦，约为24斤，显然是为自己所用。

蒙古人开始饮茶，但仍未将茶与奶做成奶茶饮用。明宣大总督萧大亨著，刊刻于万历二十二年（1594）的《北虏风俗》中，提及蒙古人如何用茶："肉之汁即以煮粥，又以烹茶。茶肉味相反，彼亦不忌也。"即以肉汤烹茶。这应当是普通蒙古人的用茶方法，三娘子等贵族当不会如此。而且这里所说的茶，也不会是千讨万要才从明朝得来的南方茶叶，极有可能是北方地区所产的茶叶代用品。

蒙古人喝奶茶，是清代以后的事。自清初起，通过边口互市、城镇集市和旅蒙商，蒙古人很容易得到内地生产的砖茶。用砖茶熬制的奶茶，风味独特，最受蒙古人欢迎，很快就遍及草原，成为人们每日不可或缺的饮品。清代大史学家赵翼，生活在雍正至嘉庆年间，他曾4次扈从乾隆帝到今承德地区的木兰围场狩猎，在其所著的《檐曝杂记》中，记叙了他在木兰亲耳听到蒙古人讲牧民的日常饮食是："寻常度日，但恃牛马乳。每清晨，男、妇皆取乳，先熬茶熟，去其滓，倾乳而沸之，人各啜二碗，暮亦如此。"如此，奶茶的做法和饮法，已与今天无异。

茶马古道很漫长

05

　　草原似海，浩瀚无涯。在漫长的历史发展过程中，中原地带与游牧民族的交往，逐渐形成了穿越千山万水的贸易通道。

　　游牧民族以畜牧为主，食肉饮乳，覆毡为室，铺毯为褥，以畜产品为主要的生活生产资料。此外，粮食、布帛、茶叶、瓷器、金属制品与工艺品等生活用品，需要通过从中原地区交换才能得到。

　　农耕民族具有较为稳定的定居生产与生活条件，能够生产出许多游牧民族需要的生产工具与生活用品。当然，农耕民族的种植业、运输业也需要大量的畜力，需要通过与草原地区的交换得

到牛、马等五畜；另外，农耕民族也需要大量的肉乳皮毛，这些食品大多来源于广阔的草原。游牧民族与农耕民族之间以己所余，易尔所余，补己所缺，供己所需，形成了源远流长的贸易交换互补关系。

茶在中国已有二千多年的历史，在漫长的历史进程中，蒙古先民很早就接受了汉地的茶文化，并将其发展成为独特的文化形态。茶文化对游牧民族的经济与生产、生活产生了巨大的影响，极大地推动了饮食文化大发展。由于茶多产于内地，"时，回纥入朝，始驱马市茶"。这是我国历史上最早的茶马贸易。茶马互市是指北方游牧民族用牲畜及产品同内地交换各种生产和生活必需品的贸易，游牧经济的单一性、脆弱性，决定了蒙古族进行贸易的迫切性，而中原地区恰恰最缺乏的就是马匹等畜产品，因为马在古代战争、巩固边防上起着至关重要的作用，故茶马贸易应运而生。

草原似海，浩瀚无涯。在漫长的历史发展过程中，中原地带与游牧民族的交往，逐渐形成了穿越千山万水的贸易通道。根据贸易商品的特点，人们命名为"丝

绸之路""皮毛之路""茶叶之路""茶马之路",由于地域的差异,人们又分别将其称之为"北方草原之路""西域草原之路"(沙漠草原之路)、"青藏高原草原之路"(唐蕃古道),等等。这些通道虽然大多已湮没在历史的尘埃中,但它们曾经发挥的历史作用,却永远留在人们的记忆中。

北方草原的"茶马之路"是形成最早、延续年代最长、跨越地域最广、通行路线最多的路。

早在商周时代,便形成了中原地区与草原地区之间广泛的经济与文化联系。据史书记载,贵为天子的周穆王曾出京城周游,经山西北上蒙古高原,与犬戎、河宗氏(夏人后裔)等游牧部落欢宴聚会,互赠礼品。接着,他又西行青海、新疆,至昆仑丘会见西王母,留下千古佳话。天子出行,随从的车马浩浩荡荡,周穆王之所以能够顺利成行,说明当时已有了完善的道路与驿站。

《诗经》中说"周道如砥，其直如矢"。

战国初年，赵武灵王"胡服骑射"，攻城略地至阴山西部的狼山，建高阙塞，在今天的呼和浩特设立了云中郡。雄才大略的赵武灵王意图南下攻灭秦国，越黄河，穿鄂尔多斯高原，抵达陕北，在今天的包头市修筑了直南道。

许多人知道秦始皇修筑了长城，但大多不知道他还修建了秦直道。秦始皇一统天下后，在赵武灵王直南道的基础上延伸贯通，修建了南起甘泉宫（在今陕西省淳化县西北）、北抵九原郡（今包头市）的秦直道。据《史记》记载："秦直道堑山堙谷，直通之；道长千八百里，道广50步；隐以金锥，树以青松，沿线设行馆、驿站。"可以说，这是世界上第一条设施完备的"高速公路"。秦始皇在巡行途中去世，他的遗体就是经由秦直道运抵咸阳的。

汉武帝数破匈奴，廓清漠南，将塞北高原纳入汉朝版图，中

原与大漠南北的道路畅通无阻，经济、文化交往十分便利。汉朝在秦直道的基础上，又延伸了跨越阴山、西穿乌拉特草原、北上杭爱山的道路，史书称之为"固阳道""五原塞道"，也称"单于道"，因为呼韩邪单于迎娶王昭君时，迎亲的车队走的就是这条路。

唐朝是中国封建社会中期的鼎盛时期，大漠南北与中原的交流也很密切。漠北诸部酋长尊唐太宗李世民为"天可汗""天至尊"。为来往便利，唐朝开辟了自漠北回鹘牙帐（即唐朝安北都护府，在今蒙古国杭爱山哈剌和林一带），经鹡鸰泉达西受降城，进而南行至长安的"参天可汗道""参天至尊道"。唐朝政府在这条路上设置了68座驿站，驿站上备有马匹、酒肉、食品，专供使臣往来之用。发达的道路与驿站有力地促进了长城南北的贸易发展。"安史之乱"以后，自唐肃宗至德元年(756)至回鹘西迁的80年间，回鹘向唐王朝输出马匹上百万，购回丝绸达2000万匹以上。这些物资除少量由回鹘贵族使用外，大部分转销至大食（今伊朗）、印度甚至远销到罗马等西方国家。

元朝是中国丝绸与茶马之路的鼎盛时期。成吉思汗建立了横跨欧亚的蒙古汗国，汗国的道路四通八达，站赤（驿站）建设十分完善。元朝建立后，以上都（今内蒙古自治区锡林郭勒盟正蓝旗）、大都（今北京市）为中心，设置了帖里干、木怜、纳怜三条主要驿路，构筑起自中原连通漠北到西伯利亚，西达欧洲、阿拉伯的发达的交通网络。据载，元代设有驿站1519处，备有车辆4000余辆，马、牛、驴、驼等运输畜力则不计其数。

元朝实行保护贸易的政策，颁布了保护往来商旅安全的法令，在交通要道设置戍守将士，维护驿道安全畅通，形成了东西方交通畅通无阻、安全速达的局面。时人称"适千里者如在户庭，之万里者如出邻家"。欧洲、阿拉伯、中亚诸国和草原民族以及中原的商人在草原丝绸之路与茶马之路上熙熙攘攘，络绎不绝。元

大都、元上都则成为世界最为重要的商业中心、繁华都会。

　　《明史》卷八十《食货志》记载："万历五年，俺达款塞，请开茶市"，隆庆五年（1571），明朝政府首次在大同、宣府、甘肃等地设立了"茶马互市"，有明一代，统治者基本对蒙古地区采取经济封锁政策，茶叶从汉地运往蒙古地区十分艰难。直到明朝晚期，朝廷才在大同得胜堡、新平堡、守口堡，宣府张家口，山西永泉营、延绥（今陕西榆林境内）红山寺堡，宁夏清水营、中卫、平虎卫，甘肃洪水扁赤口、高沟寨等处开设马市。每年定期开市一到两次，朝廷派官员管理，驻兵维持，称为官市。同时，民间贸易也有发展，称为私市。无论官市或私市，茶叶是互市中的重要商品。明廷还"以茶制边"，利用茶叶的垄断权来控制蒙古。国家控制着茶叶的流通渠道，明廷为垄断贸易和市场，盐、酒和茶等商品在不同时期都实行专卖。直至雍正十二年（1734）茶马

互市制度建立时才被废止，茶叶贸易完全放开。

清朝康熙皇帝征伐噶尔丹，为保证军粮、草料和其他用品供应，曾批准汉商随军贸易。经康熙、雍正、乾隆三世，内地商人旅蒙贸易兴旺发达，内蒙古的归化（今呼和浩特）、包头、多伦诺尔（今锡林郭勒盟多伦县）以及赤峰（今赤峰市红山区）、经棚（今赤峰市林西县）、小库伦（今通辽市库伦旗）等地，是各地商贾云集的重镇。蒙古国的大库伦（今蒙古国乌兰巴托市）、科布多、乌里雅苏台、恰克图等地也变成了商贸名城。以这些商业城镇为枢纽，形成了内地通往欧亚大陆的经济命脉。

蒙古地区的茶叶来源，主要从内地运来。据《黑龙江志稿》卷6记载："茶自江苏之洞庭山来者，枝叶粗杂，函重两许，昔值钱仅七八文，八百函为一箱，蒙古专用与乳贸易、与布并同。"正如《奉使俄罗斯行程录》所载，康熙二十七年（1688）"塞外

不用银钱，最喜中国黑茶、蓝梭布，往往牵牛、马、驼来做贸易"。据《中华风俗志》记载："外蒙无货币，用砖茶记值。"19世纪以后，"砖茶在外贝加尔边区的一般居民当中饮用极广，极端必要，以致可以当银用"。在西伯利亚的布里亚特蒙古等土著民中，"在出卖货物时，宁愿要砖茶而不要银，因为他们确信，在任何地方它都能以砖茶代替银用。""蒙民交易，多用实物交换，或以砖茶为准，或以皮张计算，一般人民尚不知货币流通之妙用也。"通常一块砖茶（约三公斤重）折算一只一岁半绵羊，或三张绵羊皮等。在蒙古地区进行茶叶生意的主要是茶庄。

清代专营蒙古茶庄的主要是大盛魁的两个字号，即三玉川和巨盛川，这两个茶庄从产茶地购进茶叶，按不同规格加工各种砖茶，分三六、三七、二四、三九（即每箱装的数量）等不同规格，由大盛魁专销。大盛魁运销的砖茶，每年约4000箱，每箱茶价值12—13两银子。光绪二十七年（1901）和民国元年（1912），蒙古国砖茶紧缺，大盛魁就曾调运一万多箱砖茶在库伦乌里雅苏台和科布多等地销售。

大盛魁运茶主要是驼运，一箱三九砖茶为130斤，一头骆驼驮两箱茶，再搭配其他物品。驼运是清代蒙古地区的交通运输工具之一，有着悠久的历史，尤其是在水草缺乏的戈壁沙漠中至为重要。骆驼所载货物能力超过其他牲畜，被称为沙漠之舟。一个驼队往往由数只或上百只骆驼组成。运茶主要有两条路线：一条为东口，以张家口为起点，至库伦（今蒙古国乌兰巴托）、恰克图（今俄罗斯恰克图）、乌里雅苏台（今蒙古国札布哈朗特）等地区；一条为西口，以归绥城（今呼和浩特）为起点，赴宁夏、甘肃、新疆，至蒙古国的科布多（今蒙古国吉尔格朗图）。有史料表明，16世纪中叶以后，随着佛教由西藏经青海传入蒙古，黄教教义潜移默化地影响着蒙古各部的日常生活，使其风俗习惯多被打上喇嘛教的烙印，首先是喇嘛教和蒙古上层人物开始喝茶，

元代卖茶图

在一些著名佛教圣地，饮茶之风日盛，比如五台山，"蒙古王公常遣其属来熬茶"。久而久之，蒙古民众争相效仿，逐渐养成饮茶习惯，至16世纪末17世纪初，砖茶迅速得宠于蒙古族牧民，"食物以乳茶、羊肉、高粱黍杂粮为主，而乳茶尤为常嗜之品"。

归化城成为当时实力雄厚的旅蒙商聚集地。旅蒙商中的大盛魁，是中国最早实行股份制经营的商业巨头，最盛时期固定资本达2000多万两白银，年贸易额达1000多万两白银，雇工数千人。大盛魁集采购、加工、运输、销售于一体，经营的商品应有尽有，号称"集廿二省之奇货裕国通商，步千万里之云程与蒙易货"，掌握着茶马互市行情。

旅蒙商度过了200年的繁荣昌盛。伴随着火车通行和连年战乱，旅蒙商逐渐走向衰落，变成了草原茶马之路的一缕晚霞。

　　旅蒙商以山西人为主。这些背井离乡的商人们终年奔波在茫茫草原上，风餐露宿，爬冰卧雪，栉风沐雨，含辛茹苦，把人生的旅途铺垫在茶马之路上，一代又一代，一年又一年，他们把用血汗换来的财富带回家乡，盖房建屋，娶妻生子，祖祖辈辈延续着在草原上追寻致富梦想的颠沛人生。至今，在三晋大地上留下的乔家大院、王家大院、常家大院、曹家大院……这些祖辈留下的基业，仍在向人们诉说着旅蒙商的传奇故事。

　　数千年来，循着这一条条血脉之路、生命之路，草原民族南下东进，中原民族南来北往，狄、戎、匈奴、鲜卑、氐、羯、突厥、契丹、党项、女真、蒙古等草原民族的文化也逐渐融入中原汉族。在中华文明的史册上，留下了不可磨灭的印迹。

行进在中亚的商旅车队

06

传承是怎样炼成的

清朝早期销往蒙古地区的大宗茶是帽盒茶，这种茶产于湖北羊楼洞，以老叶、茶梗为原料，价格低廉。当时，羊楼洞产出的茶叶为了降低运费，便于长途运输，将茶叶拣筛干净，再蒸汽加热，最后踩制成紧实的圆柱形，装入竹篓，二十五斤茶叶装一篓，因其外形形似当时的礼帽盒子，故称帽盒茶。这种帽盒茶，即是今天的青砖茶的雏形。

将茶叶制成方块，做成现代砖茶的样子，是从什么时候开始的呢？据《明世宗实录》中记载："明朝与番人茶马互市，由官商严格按茶法进行，但也有同番人私相贸易以获利者。"嘉靖十二年（1533），巡按陕西监察御史郭坼提出，私茶影响官市，应予禁绝，他说："茶户每采新茶，躐成方块，潜入番族贸易，

致官市沮滞，宜行访治"。"躧"指鞋子，这里用作动词，意为踩。将茶用脚踩成方块，应当就是砖茶，只是没有蒸压而已，"这可能是我国制造砖茶之始"（吕维新《黑砖茶起源考》）。如果这一结论确切的话，那么令人捧腹的是，清代之后风靡草原的砖茶，其制法竟然源于明代私茶贩子的创新。

清代在蒙古地区进行茶叶贸易的主要是内地商人开办的茶庄，他们到南方产茶地区收购茶叶，进行加工打包，运输到蒙古地区，然后批发给旅蒙商或直接销售。在这些茶庄中以大盛魁的两个字号——"三玉川"和"巨盛川"的规模最大，在湖北南部和湖南南部多地设立茶庄，从产地购进茶叶并加工，制成各种茶（如红梅茶、米心茶、千两茶、帽盒茶等），销往今陕西、甘肃、宁夏、山西、内蒙古、青海、新疆及蒙古国和俄罗斯以及中亚及

西伯利亚地区。清朝早期销往蒙古地区的大宗茶是帽盒茶，这种茶产于湖北羊楼洞，以老叶、茶梗为原料，价格低廉。当时，羊楼洞产出的茶叶为了降低运费，便于长途运输，将茶叶拣筛干净，再蒸汽加热，最后踩制成紧实的圆柱形装入竹篓，二十五斤茶叶装一篓，因其外形形似当时的礼帽盒子，故称帽盒茶。这种帽盒茶，即是今天的青砖茶的雏形。

至清朝中后期，随着制茶技术改进，帽盒茶停止生产，湖北羊楼洞等地主要生产青砖茶。"三玉川"和"巨盛川"在湖北的茶庄所生产的青砖茶茶味醇厚，适合熬煮，在草原牧民中信誉最著。因其砖面压印"川"字为产品标记，因此称为"川字茶"，由于"川字茶"深得牧区百姓的喜爱，以致供不应求，所以，羊楼洞的青砖茶便把牌号统统改成"川"字标记。青砖茶的主要运输路线是用独轮车将砖茶从羊楼洞运至新店，再由新店装船运汉口，溯汉水而上樊城（今湖北襄樊市），然后从樊城用畜力陆运至张家口或包头转运西北各地及俄罗斯。经张家口转销各地的称

东口货，东口货主销二七青砖（每箱装27块青砖茶，每块重约3.4斤）、三六青砖（每箱装36块青砖茶，每块重约2.6斤）；经包头转销的称西口货，西口货主销三九青砖（每箱装39块青砖茶，每块重约2.6斤）、二四青砖（每箱装24块青砖，每块重约5.6斤）。

鸦片战争以后，由于外国侵略者的入侵，砖茶贸易陷入停滞不前的状态，"中华民国"时期虽略有恢复，但是军阀之间的混战，交通闭塞，西北各地出现茶荒，砖茶昂贵，一些不法商贩乘机把茶叶当作主要囤积物品，任意哄抬茶价，从中渔利，致使广大牧民往往要用一两只羊，甚至几只羊才能换到一块砖茶。一直到中华人民共和国成立以后，砖茶贸易才重新兴盛起来。

中华人民共和国成立初期，砖茶供应量不足，国家采取统一购销、统一调拨、统一价格、定点生产和归口经营的政策。为了保证砖茶的稳定供应，国家鼓励和扶植茶叶生产，还建立砖茶生产基地，落实定点企业组织生产。根据市场行情，国家适时调整砖茶原材料和成品的价格，规定砖茶的市场指导价格。在经济发展的不同时期，国家都给予砖茶生产企业相应的优惠政策扶持。在国家的各种政策引导下，自改革开放以来，我国砖茶供应量充足，砖茶销售价格变化不大。

驼铃悠悠丝绸路

07

在长达两个多世纪的漫长岁月中，中俄两国的商人将以中国茶叶为主的各种货物运到对方的国度去。

"茶叶之路"，它是继举世闻名的"丝绸之路"衰落之后，在欧亚大陆上兴起的又一条新的国际商路。作为一条商路，虽然说它在开辟的时间上要比"丝绸之路"晚了一千多年，然而就其经济意义和巨大的商品负载量来说，却是"丝绸之路"无法比拟的。

从 1692 年彼得大帝向北京派出第一支商队算起，至 1905 年

西伯利亚大铁路通车，这条商路繁荣了二百多年。在长达两个多世纪的漫长岁月中，中俄两国的商人将以中国茶叶为主的各种货物运到对方的国度去。数量之大、范围之广前所未有，毫无疑问，这种长时间大规模的商品交流活动，对于双方的社会进步、经济发展都起到了极大的推动作用，尤其是对尚处于蒙昧阶段的西伯利亚广大地区，这种作用更是至关重要。

但是一直以来"茶叶之路"都未能引起史学界、经济学界应有的重视。尤其是国内，在岁月的长河里几乎无人问津，这不得不说是一个遗憾。今天，当我们来谈论"茶叶之路"的时候，必须将她放置于世界近代史和欧亚大陆广阔的时空背景之下，加以考察和研究。否则，我们就难以认清她的真正面目，甚至会误以

奔波在草原丝绸之路上的元代波斯商队

为她只不过是一条远离我们这个时代，那些冒险逐利的商人们偶尔穿越的一条荒僻小道。

众所周知，"丝绸之路"对于联结"黄河文化""恒河文化""古希腊文化"和"波斯文化"，都曾起到过十分重要的历史作用，但是，我们进一步加以考察就会发现，"丝绸之路"从来都不属于一条畅通无阻的通道，战争频仍，匪乱的猖獗，使得这条通道时断时续，

只有极少数富于牺牲精神和冒险精神的人，才敢于穿越这条挑战与机遇并存的行商之旅。

随着时间的推移，虽说是"丝绸之路"所负载的商业内容也变得越来越多，但是客观地说，它始终是处在一种不稳定、不规范和缺乏管理的原始自然状态。这种原始状态表现在它没有相对稳定的商业组织，更没有固定的从业人员，当然也没有长期的明确和稳定的交易市场和交易时间，这一切都说明发生在"丝绸之路"上的商业行为，表现更多的是随意性。体现更多的是文化方

面的内容。

通过"丝绸之路"，西方国家得到了中国的丝绸、瓷器等重要的生活生产用品，而中国在火药、造纸术、指南针和印刷术等世界领先科技成果的西传，对于整个欧洲的进步和发展都起到了革命性的推动作用。这个渐进过程时间的之长，超过了一个世纪。许多世纪之后，欧洲人正是使用火药、火枪、火炮，把中国人手中的大刀、长矛打得落花流水，给我们留下了难以磨灭的沉痛印象。这个结果，恐怕是当年派玄奘出使西域的唐太宗及其朝臣们做梦也没有想到的。

而玄奘从西域带回来的是整箱整箱的佛教经典，是一种来自异域的陌生宗教和新鲜玄妙的哲学思想。反过来，这种宗教又对以后一千多年间的东方古国产生了极为深远的影响。

"丝绸之路"的这种传奇性和神秘性因此被烙上了鲜明的浪漫主义色彩。不管是在漫长的历史年代里还是日新月异的今天，也不管是在东方的中国还是欧洲诸国乃至遥远的美洲，人类生存

的这个星球上，几乎没有人不知道连接欧亚大陆的神奇古道——
"丝绸之路"。至今，当人们谈论起"丝绸之路"的时候，深深
吸引他们的仍然是异域的风情，千年的古道，漫漫的黄沙和悠然
的驼铃……

它们的神秘吸引力至今仍然在散发着诱人的光芒，使昔日的
荒漠古道成为最为吸引人的旅游热线。这种吸引力经久而不衰，
这也从另一个角度证明了"丝绸之路"所蕴含着的巨大文化意义。

但是"茶叶之路"就不同了，这条在近代才出现在欧亚大陆
上的国际商路，从它开辟的第一天起，就是出于一个十分明确的
经济目的——国际贸易。而且它是有组织的政府行为，尽管这种
政府行为一方积极主动一方消极被动。这是一种打上了浓厚政治
烙印的经济行为，它被严格地限定在了规定的地点、时间内进行。

它的商业运作由贸易双方相当稳定的组织来把持，并且双方
的政府机构对此有严格的税收管理。就是说"茶叶之路"是近代

商品经济催化下的直接产物。它与两千多年前出现的"丝绸之路"存在着某种本质的区别。或许可以这样说：汉唐以来，以长安为枢纽，通往欧洲的"丝绸之路"，由于它悠久历史和巨大的文化、政治影响，在其历史进程中充满了绚丽的浪漫主义情调；而在17世纪末欧亚大陆上兴起的"茶叶之路"，则自始至终洋溢着可贵的现实主义精神。

　　说起来令人遗憾，如果你向当今年轻的呼和浩特人打听，恐怕很少还会有人知道，呼和浩特在历史上曾经是著名的"茶叶之路"的东方起始点，一座名播四海的商城，一座颇具特色的万驼之城。那些属于这座城市独有的辉煌记忆，仿佛都被遗忘在后草地的草丛中了。

　　据可考的文字记载，清代的归化城（呼和浩特）拥有骆驼最多的时候达 16 万峰之巨。无法想象，活动着十数万峰骆驼的归化城，会是一番怎样的热闹和奇异景象！那时候呼和浩特正处在形如海棠叶的大清版图的中心位置，一个八方通衢地；她为巨龙般腾跃而过的黄河做出了中下游分界的标记，活像跨在巨龙背上的骑士。这里聚集着数以百计的商家，是专事对俄蒙贸易的中国通司商人的大本营，是对俄贸易的重要商业桥头堡。

　　与归化城相对应的城市，俄国方面是坐落在贝加尔湖岸边的西伯利亚重镇——伊尔库茨克。那里是专事对华贸易的俄国商人的聚集地，归化城—伊尔库茨克，这是在"茶叶之路"上赫然矗立的两座桥头堡。

　　"茶叶之路"准确的地理含义，它的东方的起始应该从产茶的江南诸省算起，而它的西方终点便是欧洲的历史名城——莫斯科。以茶叶为之命名，其实茶叶只是大宗，其他的百货像丝绸、药材、干果、皮毛等种类繁多，数量亦是非常庞大。这些货物的来源遍布大半个中国。同样的，俄国的轻纺织品、皮毛、粮食和其他的日用百货也是沿着这条网络流到中国的广大市场的，是一种互为市场的关系，而地处黄河中游的归化城就成了以茶叶为最大宗的各种中国货物和俄国货物的集散地。中原的货物运到归化来，靠的是车和船。从归化再往北，面对一望无际的草原、沙漠，无论什么样的车和船全都不中用了，就唯赖骆驼这种传统可靠的运输工具了。所有的货物到了归化一律改由骆驼载运。把这些货物送到蒙古高原和西伯利亚以及俄罗斯等欧洲地区。

大家都知道，归化城从明代起便以藏传佛教在整个蒙古高原的中心地位而名播四方，至清代，这座塞上的历史名城就转而以驼城、商城闻名天下了。同时这里还是当时北方最大的牲畜输出

基地和肉食加工基地，号称"日宰万牲"。

如今的呼和浩特是一座现代化的城市，到处都是新建的高楼大厦，新事物掩盖了旧时的痕迹，在这座昔日的驼城里，你只有用心寻找，才能偶尔发现有几峰骆驼游弋在城区的某些角落，披红挂绿地被主人牵着，在一些风景点上供游人骑在背上照相取乐。它们成为这座昔日驼城中活的饰物。它们的存在，除了为历史做了一个注脚之外，或许还会引起人们的某些联想吧。

一般来说，我们把归化城视作"茶叶之路"的东方起始点，而把莫斯科看为它在西方的终点，这仅仅是作为一种表意而言的。其实，我们把呼和浩特说成是"茶叶之路"在我国境内的一个最大的货物集散地才更符合实际。"茶叶之路"在呼和浩特往东往南至少出现了两条支路：一条向东到北京、天津以及山东、河北、

河南；另一条直向南插，经山西过黄河直插汉口。两条路都没有在中原停留，而是分为更多的支线，流向福建、上海以及杭州等更加遥远的地方，这些支路连起来就形成一张网眼细密的大网，最终网遍黄河上下、长江南北。

"茶叶之路"出呼和浩特向北延伸，有三条大的道路伸向蒙古高原的东部、中部和西部。而这张网络其细密程度较前者更甚，就连最普通的一座蒙古包都不会漏过。把这条横跨欧亚大陆的国际商道称作茶叶之路与它的实际内容更相符些。

茶叶成为最大宗的货物，每年都在数十万担至上百万担。更有证明，茶叶对于生活在蒙古高原和西伯利亚的游牧民族和渔猎民族，完全成了须臾不可或缺的生活饮品，而不是像佛教经典那样，只是一种精神上的需要。所以说，茶叶之路既是物质的，又是现实的。

08

开拓进取的茶叶商

　　三百多年间，旅蒙商驼队在蒙古高原广袤的荒野上，在西伯利亚寒冷的大地上，踏出了一条条充满艰辛的通商道路，载着中国的茶叶、瓷器和丝绸、布匹的庞大驼队从草原走过，运银锭的牛车和官方派出的外交使团的身影从草原经过，强盗们的暗影像幽灵似的闪过……

　　畜牧业是一种单一的生产形态，草原牧民的茶叶、粮食、布匹等生活日用品，一般是通过用牲畜与中原地区的农耕民族交换而得来的。当然，多余的牲畜，多余的茶、粮、布等日常生活用品，需要有安定祥和的边境往来以及自由开放的贸易活动，才使得这种交换成为可能。

　　好茶出自江南，好马出自草原。茶马互市是内地与草原的经

贸交流。人们一般认为茶马贸易兴于唐，成于宋，盛于明清。其实，隋炀帝在张掖召开"万国博览会"时，茶马交易就是当时主要的活动内容。

我国在元朝时期就已经出现了大量的全国性的商业中心城市，如北方的哈剌和林、南方的泉州等，商队的配置以及通商的线路也都较为合理和完善。元朝的商人队伍由摩苏尔商人、波斯商人、塔伊罕商人、威尼斯商人、希腊商人等十多个国家的商人组成，可见当时元朝商业的繁荣程度。

茶马互市贸易促进了农耕民族与游牧民族的经济社会繁荣，催生了内地与草原城镇的发展与建成，对农耕与游牧民族的共同繁荣发展奠定了基础。18世纪后期，北方和西部草原相继出现了一大批具有商业性质的新兴城镇，譬如归化、张家口、多伦诺尔、

库伦、恰克图、西宁、八角街、丹噶尔、日喀则等，对近代边疆地区的稳定繁荣，起到了催化作用。茶马互市见证了游牧民族与农耕民族源远流长、生生不息的经贸往来与文化交流。

与历史悠久的茶马古道和尽人皆知的"丝绸之路"相比，"茶叶之路"几乎是一条鲜为人知的路。但"茶叶之路"正式成为一条商路，距今也有三百多年了。当年，旅蒙商们从南方采购茶叶汇集到归化、多伦，然后以骆驼作为运输工具，途经乌兰巴托、恰克图、科布多，或走包头、经棚、赤峰等地，最终到达俄国贝加尔湖一带乃至莫斯科、圣彼得堡。这条活跃了三百多年的国际商道，横跨欧亚大陆，绵延万里，在地球的北部镌刻了一条条深深的商古文脉。

欧洲人的祖先与蒙古人一样，都是"牧羊人"，都以食肉为主，都有饮茶的传统。食肉为主的人群通过大量饮茶才能得到维持生命的绿色能量。所以，茶叶对于游牧民族来说是须臾不可或缺的饮品。至今，欧洲人依然保留了喝下午茶的习惯。邓九刚先生的《茶叶之路》一书中提到：草原上的牧民"宁可三日无食，不可一日无茶"，美国作家艾梅霞的同名著作也说"我的蒙古朋友有父母去世，下葬的时候总是在头下枕一块茶砖"的丧葬习俗，都源于这种生命的渴求。

"茶叶之路"开通在《中俄尼布楚条约》的签订的前后。这

一条约是俄国沙皇彼得帝与中国清王朝康熙帝之间签订的，其重要意义在于从此顺利展开了中俄两国的边境贸易。

三百多年间，旅蒙商驼队在蒙古高原广袤的荒野上，在西伯利亚寒冷的大地上，踏出了一条条充满艰辛的通商道路，载着中国的茶叶、瓷器和丝绸、布匹的庞大驼队从草原走过，运银锭的牛车和官方派出的外交使团的身影从草原经过，强盗们的暗影像幽灵似的闪过……俄罗斯商人、中国商人、阿拉伯商人，官方的、私家的商行，各种各样的角色竞相登场亮相，在广袤的欧亚草原戈壁舞台上演出了一幕幕生动的历史悲喜剧。由于凝聚了太多草原的、民族的和国际的多元色彩和音符，旅蒙商在草原上的故事以及在西伯利亚的故事，比起"乔家大院"在山西的故事要生动和丰富得多。

这些商路，要穿越茫茫草原、浩瀚戈壁沙漠，夏则头顶烈日，冬则餐冰饮雪。沿途还要遇到人畜缺水、土匪抢劫、官府盘剥、野兽袭击等种种意外。在蒙古高原及外国做生意，还要克服与当地民族语言不通、宗教信仰和生活习惯不同等障碍。不知有多少驼倌，就在这漫漫驼路上葬送了性命，甚至尸骨无存。在归化城流传有《驼倌叹十声》的小调，唱出了驼路的艰辛和驼倌的辛酸。其中唱道：

拉骆驼，过阴山，肝肠痛断，

走山头，绕圪梁，偏要夜行。

拉骆驼，走戈壁，声声悲叹，

捉骆驼，上圈子，活要人命。

拉骆驼，走沙漠，一步一叹，

进三步，退两步，烤得眼窝生疼。

拉骆驼，步子慢，步步长叹，

谁可怜，老驼倌，九死一生。

正是由于无数驼倌年复一年奔波于商途，才使得像大盛魁这样的商号获得了丰厚的利润，积累了雄厚的资本，称雄于当时的茶路商界。清初以来的几百年间，大盛魁和其他众多的旅蒙商，沟通了内地与蒙古高原等边疆地区的物资交流，不仅满足了民众生产、生活的基本需求，而且促进了内地和边疆经济的发展。他们还把中原地区的农业种植、手工业制造等技术带到草原，促进了牧区生产的进步和草原城镇的繁荣。同时，加强了内地汉族与蒙古族和其他少数民族思想、文化方面的相互交流和了解，促进了民族之间的团结和谐。

"茶叶之路"的繁荣，极大地刺激了我国北方经济的发展，

大批城镇在它的影响下萌芽、发育、成长。这批城镇以呼和浩特和包头为中心，在其两翼铺展开的有：科布多、乌里雅苏台、定远营、河口镇、集宁、丰镇、隆盛庄、多伦、张家口、小库伦、海拉尔、牙克石和满洲里。邓九刚通过他的著作告诉我们，这都是有据可查的。比如"先有复盛公，后有包头城"，这是迄今为止仍然在包头广泛流传的民谚。在茶叶之路的催生下，由旅蒙商与各民族共同培育起来的一批商城，在当时几乎是"平地冒出的城市"。

关于草原民族对东西方经济贸易的作用，艾梅霞在她的《茶叶之路》一书里写道："要理解联结大清帝国和俄罗斯帝国的茶叶之路以及它们之间的贸易，我们必须清楚地认识到，清俄之间

的草原民族的贡献至关重要。是这些草原民族使得东西方成为一个统一的经济实体。"

300多年前，旅蒙商们走出长城，走出国门，走向蒙古、俄罗斯，走向西方，表现出我们的民族挣脱几千年的历史惰性和闭关锁国的桎梏，探索着一种全新的交换方式和生活方式，让两种文明在草原上对话、对接。其间的过程是艰苦卓绝的，留给我们的精神启示是耐人寻味的。踏上历史的"茶叶之路"，并非是浪漫之旅，而是一条洒满了血泪，堆满了白骨，充满了荆棘的探险之路。晋商们有着儒家诚信厚道的传统精神，也有商人的精明强干与开拓精神，但仅凭此，想要闯过大草原、大荒漠是不够的，还需要蒙古族、回族等兄弟民族的支持与帮助。有了这样一个多民族组成

的团队，才能在人迹罕至的蛮荒中冲出一条血路。在"茶叶之路"的万里征途中，蒙古、回、汉等众多民族兄弟生死相依、团结一心，战胜荒野中的风沙雨雪，战胜草莽中的盗匪猛兽，披荆斩棘，勇往直前，充分表现出北方各民族强悍勇敢、开拓进取的英雄气概。在长达 300 年中，在地球的北部，在大漠荒野，在异国他乡奏响了中华民族团结的凯歌，为中华文化增添了全新的内涵，为世界贸易史谱写了宏伟的章节。

在中国历史上，草原贸易通道的兴衰与边政兴衰息息相关。商路通则休兵息戈，社会稳定，人民安居乐业，社会繁荣昌盛；商路不通则狼烟四起，兵戈相向，生灵涂炭，人民流离失所。可见草原上的茶叶及其相关的商贸之路，既是中华民族繁衍的血脉，也是中原人民与草原人民休戚与共的生命之路。

可见，如果没有国家的统一、独立，就没有和平稳定的局面，也就没有商贸业的发展和兴旺。

09

蒙古族的茶文化，与草原的食物文化相辅相成，共同参与构筑了草原文化的物质基础及其物化层面。

茶，不仅是蒙古族喜爱的饮品，同时也是一种重要的文化载体。作为高贵、纯洁的象征，在蒙古地区被作为传统的礼品和祭

品使用，并曾被作为一般等价物在蒙古地区广为流行。

　　早在 16 世纪，蒙古人就有熬茶礼佛的传统，信仰佛教的蒙古贵族对寺庙布施、礼佛、做佛事，往往借用熬茶的名义。据《阿勒坦汗传》记载："遣人熬茶施舍禀奏迎请之情，向神变而成的寺庙善施舍"。俺答汗派使者赴藏"将尊可汗所献布施送给聚会的僧侣，同时熬茶施舍广散布施"。这里所说的熬茶是指拜佛布施，是从寺庙中的僧侣熬茶吃饭演变出来的。蒙古贵族对寺庙布施、熬茶，请僧侣饮茶，使熬茶这一名称具有布施的意思，再进一步演变，熬茶便有了礼佛之意。

　　茶与哈达、布匹一样，是蒙古人探亲访友、婚丧嫁娶的重要礼品。"喜庆、宴席、娶媳妇、姑娘出嫁、晋级、祝寿、增加人口，在这些喜庆宴席上互相送礼物时，最为领先的是哈达……哈

达，是一幅绸子……没有绸子可以用布和茶代替。白布一方可顶替一钱白银，一块砖茶可顶替五钱白银。家境贫寒的人家送礼时，或者送一块砖茶，或者送一方布哈达。"此外，砖茶是对那达慕大会上摔跤冠军的奖赏和荣誉。"早在元代，就有因摔跤出众而升官晋级的。旧时要得九九八十一件奖品，即马九匹，牛九头，骆驼九峰，砖茶九块等。"

清代，蒙古人在与内地商人的贸易中出售畜牧产品，购入砖茶、布匹、粮食、针线、剪刀等器皿，主要以金、银、布、砖茶

等作为计价标准。《蒙古风俗鉴》中记载："砖茶也作价用于交换，一块砖茶长一尺、宽五寸、厚五分，其价银五钱"。在相当长的历史时期里，砖茶在蒙古地区都是十分珍贵的物品，这种贵重的性质，再加上标准包装形式，使砖茶成为像货币一样的一般等价物。砖茶根据装箱的块数，分为三九、三六、二七、二四，之所以有区别，是因为路程及运输工具而定的，同时也有质量上的差别，如三九、二四茶质最好，三六、二七茶次之。牧民出售自家的牲畜或畜产品，往往被折合成一定数量的砖茶给付，但各地区差价比较大，以三九砖茶为例，在清代蒙古不同地区所能交换的畜牧产品差异非常大。

随着商品经济的发展，可供人们选择和使用的商品种类越来越多，相比之下，茶由于价格便宜，就显得不如旧时那样贵重了。现在，包装精美、品质好的砖茶仍被一些蒙古族作为礼品使用，每逢给老人祝寿或是儿女婚嫁的宴席，东家给每位来宾返还的回礼，除了一条必不可少的哈达外，必有一瓶白酒或一块砖茶。

在蒙古地区的经济生活中，砖茶代替货币的现象曾经一度比较流行。《中华风物志》记载："外蒙无货币，用砖茶记值"。"蒙民交易，多用实物交换，或以砖茶为准，或以皮张计耳，一般人民尚不知货币流通之妙用也。"1688年，张鹏翮出使俄国途经漠北地区，在《小方壶斋舆地丛钞》中记录了他所见的内地人与草原牧民进行交换的情形："塞外不用银钱，专喜中国黑茶，蓝青梭布，往往牵牛羊驼马来易。"19世纪以后，"砖茶在外贝加尔边区的一般居民中饮用极广，极端必要，以致可以当银用"。在西伯利亚的布里亚特蒙古等地居民中，"在出卖货物时，宁愿要砖茶而不要银，因为他们确信，在任何地方它都能以砖茶代替银用"。

茶在饮品中具有较高的功能价值。其一，解渴润身；其二，愉悦自我。按照通行的说法，人类早期发现茶叶的目的仅用于疾

病救治，随着人类认知能力的提高，茶叶最终成为养身保健的饮品。成书于 14 世纪的《汉藏史集》专有一章为《甘露之海》，详细介绍了茶叶的种类和不同的疗效，将传入藏区的茶按生长地理环境、施肥种类、烘制方法等差异，分成 16 种，对每种茶叶的特点、气味、颜色、口感、功用分别做了记载，认为各种茶分别适应治流涎、胆热、寒热、痴愚、胃病、血病、风病、魔病等症。在更早的《四部医典》中，也提到了茶叶对于治病强身的功用。蒙古族、藏族的先民自古以来就把茶叶当作特效解毒、消食、

保健的"药品"来使用。

蒙古人不分贫富皆喜欢饮奶茶。蒙古人喝的奶茶，不仅含有丰富的营养，而且还含有人体必需的无机盐，长期饮奶茶，可以解除疲劳，增强食欲，帮助消化。"饮喜砖茶，食喜羊肉，砖茶珍如货币，贫者皆饮之。二、三日不得，辄叹己福薄……"饮奶茶之多也是很惊人的。"其饮量之多，有可惊者，一日间饮至十大碗或十五大碗，是犹通常女子之饮量，若少壮男子，则更倍之……"这与生活的自然环境与食品构成不无关系。蒙古高原地处内陆，气候寒冷、干燥、多风。"其地气候寒冽，无四时八节，四月、八月常雪。""其地草五月始青，八月又枯。"这就决定了蒙古族牧民的生产和生活方式以畜牧经济为主，同时也主导着他们日常生活的饮食结构：以肉食、乳食为主，少有米黍菜蔬。饮奶茶可去油腻，是牧民最好的饮料。草原上的牧民都用砖茶来

熬制奶茶，同时砖茶也便于牧民携带、保存和使用。砖茶富含人体必需的营养成分。能暖胃、利尿，增强人体对疾病的抵抗能力，还可以补充因少吃蔬菜而缺少的维生素。

草原民族有以饮盟誓的传统，这是一种特殊的对约定、承诺、誓言的表达方式。忽必烈在他的卫士帮助他度过"军士乏食"的艰难后，曾高兴地表示："朕思不及此，饮以驼乳，他日不忘汝也"。蒙古人在饮茶时，常将茶当作尊敬、崇尚的对象，有着在结盟、订约、祭奠、宴请、婚丧时以饮盟誓的传统。据《蒙古秘史》记载，铁木真早年遭到三姓蔑儿乞人袭击，躲进不儿罕山得以脱难。下山后他捶胸告天，感念不儿罕山的救命之恩，许愿要每日祭祀和祷告，让子子孙孙都要遵行，于是腰带挂项，冠端手上，向日捶胸，下跪九拜，洒奠祷祝。元朝建立后，"凡大祭祀，尤贵马湩，将有事，敕太仆寺俔马官，奉尚饮者革囊盛送焉。"把茶当作祭祀物是蒙古人一种特有的习俗，蒙古人有将早晨第一口茶敬献给苍天、大地和神灵的习俗，以示感谢与崇敬之情，尤其在火神崇拜习俗中，茶是必不可少的祭祀物。

在草原饮品体系中，乳类与另外两类交叉，产生了乳酒、奶茶这两个最具有草原特色的酒饮及茶饮品种。而且，乳酒、奶茶在具有文化的象征意义的同时，也具有实用的功能。可以说，乳酒和奶茶是草原乳文化的延伸、扩展和融合的产物。

蒙古族饮茶习俗积淀深厚，内涵丰富。无论是历史上的游牧民族，还是当代生活在草原上的人们，都以创造和保持了个性鲜明的饮食文化而闻名。蒙古族的茶文化，与草原的食物文化相辅相成，共同参与构筑了草原文化的物质基础及其物化层面。蒙古族茶文化更能集中呈现和浓缩反映草原文化的独特风貌，这昭示着草原茶文化的日臻成熟。

奶茶伴侣的混搭风

生活在草原上的蒙古人，经过长期的生活实践，发现了许多可以作茶用的植物，其中一些野生茶还具有药用价值。

茶叶分类的方法有很多，在国际上较为通用的分类，是按不发酵茶（绿茶）、轻发酵茶（白茶，利用日晒微发酵），半发酵茶（乌龙茶，即叶片边缘发酵，叶中心不发酵），全发酵茶（红茶），重发酵茶（黑茶，发酵程度比红茶重）等。按照制茶工艺可分为毛茶、精制茶以及再加工茶（如花茶和紧压茶等）。按照采摘及制茶季节又可分为春茶、夏茶和秋茶。

蒙古族经常饮用的茶，既有来自南方地区的茶树所产的各种茶叶，主要以黑茶和红茶为主，还有用当地野生植物制成的茶叶，如地榆茶、达乌里胡枝子茶、罗布麻茶、黄芩茶、秋子梨茶、山荆子茶等。

蒙古高原远离产茶之地，过去由于交通和商品经济不发达，茶叶的获取很不容易。蒙古人出于饮茶的需要，从他们周围环境植物中选择了一些植

物，作为茶叶的替代品或添加品。

　　生活在草原上的蒙古人，经过长期的生活实践，发现了许多可以作茶用的植物，其中一些野生茶还具有药用价值。《饮膳正要》中记载了 19 个类型的茶，其中就有枸杞、女儿须、温桑等茶用野生植物。罗布桑却丹在《蒙古风俗鉴》一书中也有古代蒙古人采摘、利用野生植物作为茶叶的记载，"蒙古地区有速敦茶（地榆茶），速敦茶产于蒙古。红茶、花茶、砖茶都来自南方地区。""古代，蒙古地区的速敦茶和榛树茶是在每年七月采摘，以山梨树叶和榛树叶制造茶叶。还把每年七月当作采茶月，采集当地产的各种山茶，梨树叶和榛子叶，被当作叶子茶收集。"

　　蒙古族日常饮用的茶叶多达二十多种，植物茶用的部位有根、茎、叶、花、果实、种子等。这些野生茶多在秋季采集，也有春、夏、冬季采集的种类。加工方法主要有发酵、蒸、炒、晒干、阴干等；饮用方法有煮、沏、熬制奶茶等。常见的野生茶有：地榆茶、达乌里胡枝子茶、罗布麻茶、黄芩茶、秋子梨茶、山荆子茶、蒙古

荚蒾茶、沙冬青茶、山藤茶、文冠果茶、榛树茶、杜李茶、欧李茶、柞树茶、沙蓬茶、瓦松茶等。

随着社会的发展，贸易的繁荣，茶叶在内蒙古地区城镇的商店随处可见，且价格便宜，在内蒙古地区饮用野生茶的人已经越来越少。

砖茶　砖茶是用黑毛茶、老清茶等为原料，经过渥堆、蒸、压等典型工艺过程加工成砖形或其他形状的茶块。砖茶产自气候条件比较湿润的南方丘陵和山区，当地人不喝砖茶，砖茶主要销往我国内蒙古、甘肃、青海、宁夏、新疆、西藏等边疆少数民族地区。因此，砖茶在商品贸易中也称为边销茶。

据说砖茶的制作方法是在运输茶叶的途中偶然发现的。在历史上，砖茶的运输只能靠人背马驮，需要经过数月甚至半年的长途跋涉，才能到达目的地，在漫长的旅途中，由于包装、仓储条件的限制，茶叶用天然的竹笋壳与竹筐包装，密封性差，茶叶在长途跋涉中经风吹雨打，逐渐自然发酵，松散的茶叶经过长途运输后变成了紧实的茶块，茶叶的滋味更加醇和可口。

砖茶按照发酵程度来说，属于重发酵茶。其主要制作工艺有：杀青、揉捻、渥堆发酵、干燥、毛茶整理、拼配、高温气蒸、压制成型、存放、包装等。各种砖茶的原料不同，制作工艺各异，因此，各地生产的砖茶色香味形都不相同。但砖茶的生产和品质也有一些共同的特点：一是原料粗老，多采用老叶及茶梗制成，外形粗大，叶老梗长；二是在加工过程中都有渥堆发酵的工序，渥堆发酵是决定砖茶品质的关键工序，渥堆时间的长短、程度的轻重，决定着成品茶的品质风味；三是压制成型，砖茶成品都需要经过压制成型，从而成为紧实的砖块，便于储存和运输；四是茶叶经过长时间的渥堆发酵，色泽转化为褐色或黑褐色，通过有益微生物和水热作用，茶叶中的内含物质发生了变化，大部分茶多酚被氧化为茶色素。因此，砖茶香味纯和，叶底黄褐或黑褐，茶汤色橙黄或橙红，香气浓郁，入口甘醇。

砖茶主要集中在四川、湖南、湖北、贵州、广西和浙江等地生产。其中，湖北赵李桥茶厂、湖南安化茶厂、湖南白沙溪茶厂、四川雅安茶厂、云南下关茶厂都是我国较大的砖茶定点生产企业。砖茶品种繁多，由于炒制技术、发酵工艺和压制成型的方法不同，从而形状多样、品质各异。砖茶常见的品种有黑砖茶、青砖茶、花砖茶、茯砖茶、米砖茶、康砖茶、金尖、沱茶等，其形状有圆形、方形。

砖茶茶色深、茶味重，适合熬煮，熬制的茶水味道醇厚，茶香突出。饮用砖茶能促进消化，对于以肉、奶制品为主食的牧民来说是一种十分理想的饮料。此外，砖茶经过高温杀菌、紧压而成，体积小，不易霉烂，便于运输和贮存，比较适合牧区独特的生活方式。因此，砖茶是蒙古族日常生活的必需品，蒙古族通常使用砖茶和其他食品熬煮成奶茶、米茶、面茶等，也可清饮。同时，砖茶也常作为内蒙古地区走亲访友的礼品和祭祀活动中的祭品。

米砖产于湖北省赵李桥茶厂，生产

历史较长，原为山西帮经营。17世纪中叶，咸宁县羊楼洞产八十余万斤。17世纪，中国茶叶对外贸易发展，俄商开始收买砖茶。1863年前后，俄商去羊楼洞一带出资招人代办监制砖茶。1873年在汉口建立顺丰、新泰、阜昌三个新厂，采用机械压制米砖，转运俄国转手出口。俄商的出口程序，一般是从汉口经上海海运至天津，再船运至通州，再用骆驼队经张家口越过沙漠古道，运往恰克图，最后由恰克图运至西伯利亚和俄国其他市场，后来还动用舰队参加运输，经海参崴转运欧洲。由于米砖外形美观，有些西方家庭给米砖配以精制框架放入客厅，作为陈列的艺术品欣赏。

红茶、花茶和绿茶　随着蒙古族生活方式的变迁、茶叶交易及品种的不断增多，蒙古族的饮茶方式在悄然地发生着变化，饮茶的种类更加多元化。除了砖茶外，内蒙古东部地区主要饮用红茶，城镇里的蒙古族人还饮用花茶和绿茶。

随着科尔沁、喀喇沁等内蒙古东部地区的生活生产方式向半农半牧转换，这些地区的饮食形式和种类也发生了巨大的变化，红茶最早传入这些地区，成为农业区蒙古族的主要饮品。《蒙古族风俗志》中记载："东部区的多数蒙古族自从事农业生产以后，驻地稳定了，生活习惯也发生变化。饮用红茶成为农业地区蒙古族的习惯

（城镇蒙古族居民喜用花茶，牧区仍喜用砖茶）"不仅农业地区、半农半牧地区的蒙古族饮用红茶，现在牧区的一些蒙古族也开始饮用红茶。鄂温克族自治旗的一些蒙古族牧民已经改变了传统饮用砖茶的习惯，开始饮用红茶，主要品种是云南滇红、俄罗斯红茶。

红茶　红茶为全发酵茶，茶多酚已基本氧化，有较多的茶黄素、茶红素和茶褐素形成，其品质特点是叶色深红，汤色黄红色或红色，香气宜人，滋味甜醇。红茶按照制造方法不同可分为小种红茶、工夫红茶和红碎茶三类。小种红茶产于福建武夷山，带有烟香味。工夫红茶是条索状贡茶，如祁门红茶和云南滇红。红碎茶是茶叶经揉切后，使之成为碎片细颗粒状的一种红茶，在中国云南西双版纳、广西南部及海南等地，都有红碎茶生茶，袋泡红茶基本上都是以红碎茶为原料制成的。红茶的饮用方法有两种，一种是用开水冲泡而不加任何东西。"内蒙古东部地区饮用红茶的方式是清饮，有喝早茶习惯的更多是饭后喝、来客人喝、喝晚茶，是一种极好的生活享受。它是消除一天疲劳、消除暑热、会晤朋友、聚会谈天不可少的饮料。"另一种是用红茶熬制奶茶、米茶等，蒙古族牧民主要采用这种方式饮茶。

另外，随着人民生活水平的不断提高，居住在城镇里的蒙古族还饮用花茶和绿茶，饮茶方式与汉族地区无异。

11

奶茶的口味也很多

《蒙古风俗鉴》中记载："早先，纯蒙古食物是茶和稀饭。茶是奶茶为第一，面茶为第二。喝奶茶时要就着奶皮、奶酪、黄油、奶豆腐和炒米，并要加糖，把这称为最好的食品"。

在草原牧民的饮食结构中，肉多蔬菜少，喝奶茶有助于消化。另外，草原冬季寒冷，喝奶茶可以增加热量，在茶里加奶加盐，以增强体力。蒙古奶茶被蒙古族人民称为"仙草灵丹"，这是由于茶叶中包含着丹宁、氨基酸、精油、咖啡因和维生素B、C、D等丰富的营养成分，有强心、利尿、健脾、造血、提神醒脑和强化血管壁等药用功能，还有溶解脂肪，促进消化等作用。因此，茶叶，尤其是砖茶，逐渐在蒙古族人民的生活中占据了重要位置。牧民在长期的生活实践中，摸索出了丰富的熬茶技术。

奶茶——蒙古语称"苏台茄"，亦称蒙古茶，奶茶是蒙古族最喜爱的传统饮品之一，在内蒙古牧区生活的人们有每天喝奶茶的饮食习惯。《蒙古风俗鉴》中记载："早先，纯蒙古食物

是茶和稀饭。茶是奶茶为第一，面茶为第二。喝奶茶时要就着奶皮、奶酪、黄油、奶豆腐和炒米，并要加糖，把这称为最好的食品"。

　　奶茶的制作方法是，将茶放在小布袋里（也可不装袋），放入开水锅里煮三四分钟后，再把新鲜牛奶徐徐加入。奶茶开锅后，频频搅拌，待茶乳交融、香气扑鼻时即成，一般为浅咖啡色。蒙古很多地区都是这样的做法，但有些地区的做法也有不同，如布里亚特蒙古族的做法是将砖茶水烧开，滤去茶叶，茶水装在暖瓶中，牛奶单放容器内。喝茶时，将茶水、牛奶兑在一起。在多数内蒙古地区喝奶茶要加少许盐，但也有一些地区不加盐，或者把盐碟放在桌上，喜欢喝咸味的就加盐，不喜欢咸味的就不加盐。

喝奶茶时，伴以各种奶制品和炒米一同食用。

奶茶的制作看似简单，其实颇为讲究，滋味的好坏和煮茶人的技术有着很大的关系。煮茶的时间、原料的比例、煮茶的顺序等都是影响奶茶味道的因素。

煮奶茶以前，必须先将锅子洗净，如果锅子不干净，留有杂质，或者在剩茶基础上煮新茶，茶的味道就会不好；煮茶的水十分重要，水质清冽无杂质，茶的味道才会好，如果使用软水（如雪水或雨水）煮茶要放少量的纯碱，碱不仅可以使茶为紫糖色，而且也可以增加茶的浓度，使它入味，硬水（如地下水或河水）煮茶

不能用碱；茶叶的量根据个人口感而定，喜欢喝浓茶，就多放一些茶叶；熬茶的火候要掌握好，开始煮茶可用猛火，待茶汤烧开后，就要用温火煮茶，如果火大了，茶内所含微量元素就会被破坏，

茶味则变；水煮开后不断地用长把勺向上扬；待茶叶的茶色充分融入水中后，取出布袋或滤出茶叶，然后在沸腾的茶汤里缓慢加入奶子；加入奶子的量一般是茶水的五分之一到三分之一，奶子最好分成多次加入茶汤。

蒙古锅茶——在蒙古族的奶茶中，最传奇的是据说是成吉思汗喝过的锅茶。而煮这个锅茶的锅，则被尊称为"御锅"，雕龙镂花，下部镂空，用于放置木炭。在煮这锅茶时，要先把锅清洗干净，有些讲究的人家，是一口锅专门用于烧开水，另一口用于煮茶。煮茶的水必须是新打来的清水，以山泉水为佳，若是放久了的水煮茶，茶就会褪色变质。煮茶时先把上好的砖茶打碎，并将洗净的铁锅放在火上倒入清水。到水沸腾时，就加入捣碎的砖茶，煲足3小时后就掺入牛奶，然后再按口味加盐了。等到整锅里茶水开始沸腾时，就算把锅茶的咸奶茶底给煮好了。做这个奶茶底，其中最关键的是，茶水必须得扬至少八十一下，令茶味充分释出。这锅茶底做法看着简单，其实滋味好坏和煮茶时用的锅、放的茶、加的水、掺的奶、烧的时间以及先后次序都有关系。蒙古族人认为，只有"器、茶、奶、盐、温"五者调和，才能煮出适宜的奶茶底来。

而在煮好奶茶底之后，主人就会当着客人的面，把酥油、奶豆腐、奶酪、炒米、牛肉干等料一样样放进锅里，手拿大勺反复搅动，然后把旁边大肚子奶壶里煮好的奶茶倒进铜锅，待再次烧开后，盛入客人面前的木碗中便可以饮用了。这锅茶，热情淳朴，浓稠适中，奶味浓香柔和。

清茶——蒙古语称为"哈日茄"。熬制清茶只用茶叶煮水，有的地方也放盐、黄油等佐料。清茶的做法与奶茶大致相同，只是少了加入牛奶的步骤。冬季，清茶熬好后装入暖瓶保温，夏季，则放入桶中晾凉，随取随喝。

米茶——有两种制作方法。第一种是熬好清茶备用，然后，在炒锅中加黄油，油热后，将米放入锅内翻炒，待米炒"开花"，米香四溢时，加入熬好的茶水，煮开后缓缓多次加入奶子，加入盐，反复扬几十次。这样做出的米茶既有茶香味，又有米香味，味道相当可口。还有一种米茶的制作方法，是先将米炒好备用，每次

喝茶时泡入一同食用即可。泡入奶茶中的炒米分为脆炒米和硬炒米，一般以糜子米为原料。脆炒米的做法是，先把簸干净的糜子用水浸泡或用温火煮之后，适当晾晒，再放入锅里炒，使米开花，这样炒出的米色黄不焦，米粒质坚而脆，这种炒米泡在奶茶中，吃起来酥脆香甜。硬炒米的做法是直接将糜子米放入锅里炒，然后用碾子碾糜子米，去其皮，将糠簸出，即可使用，这样的炒米口感较硬，不易发霉变质，便于保存和携带。

面茶——蒙古语称为"珠通茹"，有的地方亦称油茶。做法是，首先将清茶烧好备用，然后在炒锅内放黄油，油热后，放少许面粉，面粉炒熟后，将清茶倒入锅内，用勺子将其搅匀，比奶茶略稠一些，还可以加入肉末、鸡蛋等。制作面茶时，一定要掌握好加白面的量，量大了就成了面糊糊；量少了，颜色发白，变成"淡茶"，喝起来也不爽口。面茶大多在冬春两季奶子较为缺乏的时候食用，其味道香浓，热量很高。牧民如果早餐喝上几碗面茶，可以在外面放牧一整天，直到晚上回来再吃饭也不会觉得很饿。

捣茶——熬好清茶以后，把茶叶捞去，倒在一个特制的有木杵的桶里，里面放进酥油、奶、奶皮，用木杵捣，直到奶皮等物融为一体时为制成。可以倒入壶里饮用，似酥油茶。由于在制作过程中，要不断地用木杵捣，所以称为捣茶。

其他种类——蒙古族除了饮奶茶之外，还饮噶仁萨面茶。这是用绵羊脊骨汤煮茶，饮后可以提高视力和听力。饮杏仁宝日汤茶，可以通宣理肺。饮酸枣茶能健身补血，治疗失眠。牧区的牧民还喜欢将野生植物的果实、叶子、花用于煮茶，煮出的茶风味各异。一些入茶的植物已被证明具有一定的药用价值。东部区的蒙古族用兴安岭南麓地区生长的一些可食用的植物，制成具有地方特色的茶。如在阿巴嘎旗、阿巴哈纳尔旗、乌珠穆沁旗以及察哈尔、克什克腾旗等地区的蒙古族饮一种阿巴嘎茶。阿巴嘎学名为"地榆"，属蔷薇科，是草本植物，生于草甸草原的林缘附近，椭圆形的叶子，秋后采集叶、茎、根放置于阴凉处，可以和青砖茶一起煮，加入鲜奶及其他佐料，即是阿巴嘎茶，别有一番风味。

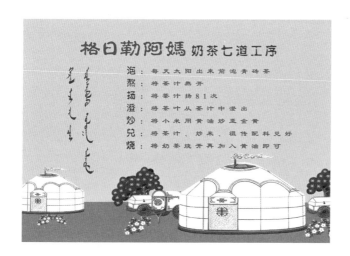

目前，随着食品工业的发展，市场上已经有了很多的便于携带的奶茶制品，如奶茶粉。奶茶粉是用牛奶辅以砖茶汁液，适量的食盐和炒米面，经过高温杀菌、浓缩、喷雾干燥而成。它既保留了奶茶独特的香浓，又包含了丰富的营养，还方便携带和储存，只要用白开水一冲就可以直接饮用，因此大受欢迎。市场上的奶茶粉在口味上有甜、咸之分，在种类上有香米奶茶粉、小米奶茶粉等。

奶茶配搭很有料儿

12

《五原厅志稿·风俗志》记载了砖茶的用法："先以小刀削之，后研碎沃以锅中之沸汤，以盐和之，若欲其精美，则更加黄油。"以此可以大致看出制作奶茶的主要材料及做法。然而，奶茶的制作过程其实并不简单，在某种程度上是非常考究的。

奶茶是蒙古民族日常最为重要的饮品，被称为是蒙古族特色的"工夫茶"，一般习惯是咸味的，现在为了照顾从不同地方来到草原上的游客，也有了甜味的。喝奶茶时有很多相搭配的东西：黄油、炒米、奶皮、奶豆腐、牛肉干、蒙古果条（一种油炸面食）。可以把它们全放到熬好的奶茶里，每一种都和单独品尝时有着不一样的感觉。

此外，有的地方把炒米或小米先用牛油或黄油炒一下，再放进茶里煮。这样既有茶香味，又有米香味，可口绵甜，增加食欲。酥油茶是在已经配制好的奶茶里，再适量放入酥油、红糖即成。这种茶在隆重的场合上饮用较多，民间一般不多熬制。面茶的熬制方法较复杂：先将青稞面或麦面用油

炒熟，再把事先熬好的红茶澄清倒入，搅动后比奶茶略稠状为宜。面茶既当茶又可当饭，是牧民冬季食用的茶食。这些种类繁多的茶，独具风味，细细品尝起来，真是一种特殊的享受。

"蒙古人以乳茶为普通饮料，以牛羊肉为主要食品，而以麦粉、莜面、粟、黍为次要食品……"牧民的一切饮料都与乳制品有着密切的联系。正所谓"茶香乳鲜，味在同飨"，奶茶应当是最为普遍的饮品。可以说奶茶是蒙古族饮食文化的代表，这与定居的农业民族所饮的不加奶的茶有很大区别。蒙古族具有浓厚的民族特征，同时也形成了自身独特的饮茶文化。

《五原厅志稿·风俗志》记载了砖茶的用法："先以小刀削之，后研碎沃以锅中之沸汤，以盐和之，若欲其精美，则更加黄油。"以此可以大致看出制作奶茶的主要材料及做法。然而，奶茶的制作过程其实并不简单，在某种程度上是非常考究的。

煮茶的过程中还可以加各种佐料。不同地区蒙古人奶茶的制作方法也不尽相同。各地爱喝的奶茶的味道不同，所加入的佐料也就不同。一般来说，加炒米、奶皮子、黄油渣、稀奶油、黄油或绵羊尾油等调料。要想把茶煮好，关键是将稀奶油、黄油渣、

奶皮子、熟奶豆腐等调料搅拌好，才能煮出别有风味的奶茶。有的人在奶茶中加盐，有的人则喜欢加糖，可以根据个人的口味添加。至于鲜奶可分牛奶、羊奶、马奶和驼奶，一般以牛奶为上品，羊奶次之，也有的地区用马奶和驼奶。

蒙古族制作奶茶是用熬的方法，而熬煮之法又是中国古代的饮茶艺术。早在唐朝，《茶经》序言的作者皮日休就描写过煮饮茶的方法。元人杨维祯《煮茶梦记》记载："铁龙道人卧石床，命小芸童汲白莲泉，燃槁湘竹，授以凌霄芽为饮供"。可见这种方法是有着来自汉地的文化传承的。

蒙古族的茶文化不仅继承了古代汉民族与北方诸民族的茶文化，而且结合本民族特点进行了发展创新，创造出种类多样、具有民族特色的烹茶方式，使饮茶更适合蒙古民族生活、生产方式和气候等自然环境条件。汉族饮茶采用冲泡清饮的方式，而蒙古族饮茶主要采用熬煮的方法，并要在茶中加入各种食品和调料。根据熬茶所用原料和烹调方式的不同，蒙古族的茶有奶茶、清茶、米茶、面茶等。

蒙古族熬茶的主要原料有砖茶、奶子、米、面、奶制品和调料。蒙古族多喜用青砖茶，青砖茶形大质硬，买回来后需要先将茶捣碎。捣茶的方法是将包裹砖茶的软羊皮或布片垫在地上，用斧子或刀子顺其纹路弄成小块，然后放入"熬古日"（捣茶用具）内捣碎，储入专用罐内，以便随时使用。

　　冬季草原气候异常寒冷，砖茶冻硬后很难捣碎，需要先将砖茶放在炉盘上烘烤，经过烤制后砖茶就会变得松软。现在有些蒙古族熬制奶茶时使用红茶、沱茶等，这些茶随取随用，已经不需要捣茶这道工序了。奶子有牛、羊、马、驼奶，牧民家中一

般饲养有产奶的牲畜，煮奶茶所用的奶子都是最新鲜的，但在农区和城镇，没有新鲜的奶源，制茶所用的奶子基本选用袋装奶，或者奶粉。熬制米茶所用的米，主要是糜子米，有些地区也用小米或大米。蒙古族认为，只有器、茶、奶、盐、温五者相互协调，才能煮出茶乳交融，美味可口的奶茶。因此，每一个蒙古族姑娘从懂事起，做母亲的就会悉心向女儿传授煮茶技艺。

喝奶茶的讲究范儿

13

几乎每个蒙古族牧民家庭的早晨都是从飘香的奶茶开始的，清晨女主人挤完牛奶后，第一件事就是熬茶。

　　蒙古族热情好客、注重礼仪，以茶待客是蒙古族最基本的礼节。奶茶是蒙古族"白食"的一种。白食：蒙古语称"查干伊德"，有纯洁、吉祥、崇高的意思，向他人敬献奶茶蕴含着美好的祝愿。"主人对任何客人的到来都会表示热情的欢迎，献茶、献酒，进

包用餐，如冷落相待，就视为失礼，传出去要受到大家的责备。"客人光临家中而不斟茶，是草原上最不礼貌的行为。蒙古族民间有一句话叫"茶没茶，脸没脸"，就是说，不给客人用茶是主人很丢面子的事。

几乎每个蒙古族牧民家庭的早晨都是从飘香的奶茶开始的，清晨女主人挤完牛奶后，第一件事就是熬茶。蒙古族一般早餐、午餐都是饮茶，喝茶时会就着炒米、奶油、奶皮子、奶豆腐、肉干等食品，喝茶不分饭前饭后。遇有客人到访，主人会热情地将

客人请进屋内，依次入席，贵宾、长辈在主要的席位上就座。全家老少围着客人坐下，态度谦恭，问长问短，侃侃而谈，犹如远归的自家人。主人很快会把炒米、奶酪、奶油等各色食品摆放在客人面前的桌子上，然后给客人倒茶。蒙古人十分讲究敬茶时的礼仪，"斟茶时要衣冠整齐、谦恭地敬茶。饮茶、吃（品）奶食品都属一种仪式性行为。而不是为了解渴而斟茶的。"敬茶时先客后己，长幼有序，"在蒙古族地区尊老爱幼为高尚的品德……将白食（乳制品）和红食（肉食品）的上等品首先献给长者和幼小者"。"斟茶时要用没有缺口、裂纹的完整的碗。据说有缺口、裂纹的碗是不吉利的。"此外，蒙古族有"浅茶满酒"的习俗，敬茶一般为茶具的四分之三或五分之四，如茶碗里倒得满满的，不但不好看，还寓有逐客的意思。但内蒙古东部地区是满茶敬客，他们"主张倒茶也要倒满才显得主人的热诚实惠"。敬茶时，主人应双手献给客人，若一只手递茶，或放到桌子上磕出响声，便属失礼。主人敬上的第一碗奶茶，客人一定要喝，否则，主人心里就会反感，视为瞧不起人，不尊重人。在蒙古族家中做客要大方、实在、无拘无束。这样，主人家就会更加亲近，更加热情，认为是最真诚的客人光临。

蒙古族在待客时十分讲究茶叶、煮茶方式和茶具等细节。《蒙古风俗见闻录》中有："主人敬茶讲究四好，即茶叶好、调煮好、茶具好、礼貌好。茶叶好，并不是要名茶，只要茶叶纯净清洁、干燥馥香就行了，这样熬出的奶茶才会滋味醇和，有助消化，减

除疲劳。调煮好，是指好茶还要好水、新鲜奶，煮熬最好用铜锅或精钢锅，熬制时，茶、水、奶的比例要调制好，熬茶的火候、时间也要适当。茶具好，是指喝奶茶的壶和碗要有一定的讲究，通常壶是铜壶或精钢壶，碗是景德镇生产的龙碗。礼貌好，是指主人在敬茶时要举止大方，态度和蔼"。

在很长的一段历史时期，由于整个社会经济不发达，蒙古地区茶叶供应不足，蒙古族视茶叶为非常珍贵的物品。成书于1919年的《蒙古风俗鉴》中记载："蒙古族有个风俗，互相串门要说吉利话，赶上吃饭喝茶时，要说：饭富茶佳。主人则回说：'托您口福'"。可见，当时茶在蒙古人生活中的地位相当重要。蒙古族在储藏和使用茶叶时有很多规矩，如：不能将整块砖茶的字朝下放，要用纸或布包好，存放在专门的箱子或柜子内，储藏茶叶的箱子或柜子要放在阴凉处；捣茶的用具应正确摆放，不能用作其他；喝完的茶水或茶根不能乱扔，要扔在干净的专门的储藏处。时至今日，很多蒙古族仍然十分看重茶，不仅每日的饮食离不开茶，还常将茶作为祭品和礼品。

蒙古人最重视的节日是春节，蒙古语称为白节。由于蒙古族崇尚白色，认为白色象征纯洁、吉祥，故称岁首为白月。春节期间的饮食非常丰富，奶茶则是节日中必不可少的重要饮料。春节期间饮茶，既有提神解渴、解酒的作用，又能不断给人体补充营养。"春节，男女老幼穿节日盛装，妇女们戴上贵重的首饰。……在门外放供桌和各种供品，向日出的方向磕头、拜天，然后回到室内给家中供奉的神或佛上香磕头。孩子对父母、长辈行拜年礼。互相拜过年后，按年龄辈数大小入座、饮茶、敬酒。"茶在蒙古族牧民心目中是珍贵的物品，在春节期间，赠送拜年者一小包茶叶，用意是带珍品回家，以示茶叶之珍贵。"初五至初十，男女青年纷纷跨上骏马，带上漂亮的哈达、香烟、美酒等礼物，三五成群的向浩特奔驰，挨个给亲友拜年。拜年时，对方都以酒食热

情款待，习惯上是每敬必喝，饭可以不吃，但茶要喝，如主人赠茶可以包一包茶叶回来，其意是带喜回家。"

奶茶是蒙古族重要的待客食品，"至必善遇之，不问知与不知，供以烟茶"。"来客用是飨之，是谓非常之优待。"但是，敬茶者与客人都要遵循一些礼仪。蒙古族敬茶，各地也不相同，有的敬茶是用银边木碗，碗内盛八分茶水，以双手献给客人，表示对客人的尊敬。客人应欠身双手去接，若一只手递茶，或把茶碗放在桌上碰出声音，即为失礼。客人不接茶也为失礼。如果不以茶接待客人，是对客人的不敬。主人真心实意以茶待客，客人一味不喝，是对主人的不敬。要煮新鲜的茶待客，用旧茶水待客，是对客人的不尊敬。茶壶装茶前要把壶用热水暖一下，然后装茶。如果来的客人多，就把茶碗盛满后，把壶内的茶填满水，不能坐

着敬茶，必须站起来献茶。客人喝茶，有时主人还会端上奶皮子、奶豆腐，让客人食用。蒙古族还有以茶会友的风俗。

有的地方在喜庆的日子，儿媳给婆婆递茶，要下跪，举右手伸开手掌，向头部右侧摆动三次，表示叩拜请安，婆婆接茶并说祝词。女儿给父母敬茶，双膝下跪叩三个头，然后给父母递茶，父母接茶给女儿祝福。

一些地方的蒙古族在结婚当日，新娘家要举行一次简单的宴请，饮茶，吃奶制品。届时茶要熬得又浓又烈，象征婚姻的美满幸福和地久天长。《蒙古族风俗志》中描述了内蒙古东部地区的结婚场景："蒙古族的结婚仪式，仍保留着男方到女方家娶亲的传统习惯。……新郎穿上姑娘做的袍靴后,向首席客献奶茶"。在喜车到达蒙古包,完成接亲仪式后,还将茶洒向车轮,表示洗尘。新娘娶进婆家后的第二天,一个最重要的任务就是给公婆熬奶茶、敬奶茶,一来展示自己的厨艺,二来表示对长辈的孝敬。

还有些地方的蒙古族在举行婚礼或新娘离家前,择一吉日举行茶会。这天新郎要将礼品献给女方,同时女方亲友亦需要送礼品给新娘。虽然举行的是一次简单的宴会,饮奶茶,吃奶食品,却是一样不会少。白色的奶食象征着丰富和吉祥。蒙古族牧区有的地方娶亲,喜车到达蒙古包,男方家出四名妇女,向车上人问安,敬酒敬茶,女方的两位嫂子接过后,将酒向东南西北敬神,用茶水洒向车轮,表示洗尘,然后进屋,新娘嫁到男方家的第三天清晨,要煮茶、做饭,开始承担家务劳动。

虽然这些习俗与汉族的茶道礼仪相比相对简单,但其独特的民族特性是不容忽视的。

14

生活在牧区的牧民喝奶茶时，总要泡着吃些炒米、黄油、奶豆腐和手把肉，这样既能温暖肚腹，抵御寒冷的侵袭，又能够帮助消化肉食，还能补充因吃不到蔬菜而缺少的维生素。

蒙古族奶茶具有其独特性，也有一些与中原茶文化的相似性，具有特色鲜明的文化内涵。从另一方面反映了蒙古族的生活饮食习惯和文化传统。

在蒙古族日常生活中，有"宁可三日无粮，不可一日无茶"之说，可见，饮茶是必不可少的。数百年来，蒙古人嗜好饮茶这一习惯一直保持下来。众所周知，早期生活在草原上的蒙古人，饮食非常简单，马奶酒是他们的主要饮料。随着蒙古汗国不断向

外扩展，蒙古人与其他民族接触增多，他们的饮食生活也逐渐丰富起来。

最早接受汉地饮茶习俗的"食肉饮酪"的民族是吐蕃。据藏文史籍记载，茶正式传入西藏是在吐蕃王朝的都松贡步支赞普时期（676—704）。《西藏政教签附录》云："茶叶亦自文成公主入藏土也"。

蒙古族的先民自 7 世纪以来与唐宋及辽金王朝交往频繁，也受到了汉族饮茶习俗的影响，但蒙古族的饮茶习惯在元代仍未形成，直至与明朝并立的北元时期才渐成风气。据唐代《封氏闻见记》记载：开元年间，佛教很盛行。学佛参禅要求晚间不眠，由于茶叶具备兴奋神经之作用，故佛门弟子都相继煮浓茶驱睡，"破眠见茶效"。蒙古人饮茶的习俗形成于元代，随着喇嘛教的传入，饮茶则成为蒙古人的普通习惯。在元朝统一中国后，宫廷中已开始饮茶，尤其元朝皇帝所饮的"御茶，则建宁茶山别造以贡，谓之啖山茶。山下有泉一穴。遇造茶则出，造茶毕即竭矣。比之宋朝蔡京所制龙凤团费则约矣。民间止用江西末茶及各处茶

叶"。由此可见，元朝蒙古皇帝所喝的御茶，质量上乘，且清泉制茶，而民间所饮茶较低劣。元朝宫廷营养学家忽思慧于天历三年（1330）著《饮膳正要》一书，记载了宫中所饮的茶，其中收录了多种茶叶的名称和饮茶方式，其中饮茶方式除有汉族中流行的"清茶"和"香茶"之外，还有一些方式按蒙古人的生活习惯进行了改造。

谚云："学之初'啊'（蒙古文的第一个字母），食之初'茶'"。茶是蒙古人的面子，又是蒙古人的主食。牧区的蒙古人不论早上、中午都有喝茶的习惯，这就是"宁可一日无饭，不可一日无茶。"的谚语由来。

蒙古民族特别喜欢喝青砖茶和花砖茶，视砖茶为饮食之上品，一日三餐均不能没有茶。若要有客人至家中，热情好客的主人首先斟上香喷喷的奶茶，表示对客人的真诚欢迎。客人光临家中而不斟茶，此事会被视为草原上最没有礼数的行为，而且这种事情会迅速传遍每家每户，从此因"不斟茶之户"而名声衰落，各路客人绕道而行，不屑一顾。如若去亲戚朋友家中做客或赴重大的喜庆活动，要是带去一块或几块砖茶，那将被认为是上等礼物，等于奉献"全羊"之礼品，不仅大方、体面、庄重、丰厚，而且可以赢得主人的赞誉。蒙古民族喜好砖茶之习俗，究竟源于何时，无法考证。据记载，清朝康熙时期，内地一些商人携带砖茶、米面、布帛杂物等到蒙古腹地，交换当地各种物产。其中除以米面、布帛直接易皮毛外，其余杂物均以砖茶定其价值。当时的砖茶有

"二四""二七""三九"之别。所谓"二四"者，即每箱可装二十四块砖茶，价值约三十三元（银圆），每块砖茶重五斤半，价值一元二三角。"三九"茶则每块约价值六角左右，亦当作一元币通行。有时，砖茶价值急剧提高，一些商人深入偏僻地区以较少的茶，换取较多的畜产品，以一块砖茶，换一只羊，一块砖茶易去一头牛的事也屡见不鲜。从那时起，草原上就产生了以砖茶代替全羊馈赠亲戚朋友的习俗。

在牧民家里喝茶，要方法得当，这样才能真正品尝出味道来。先将炒米按需要放入碗里，再放少许奶酪后倒入奶茶。一边谈话，一边慢慢喝，等把第二碗茶喝完，在浸泡过的炒米上放一点酥油、白糖，再放一些干炒米然后拌匀，尝一尝，香、甜、酥、脆一口嚼，绝妙的滋味，使人真正体会到草原牧民生活的甜蜜。

品尝奶茶的优劣也以茶色、香气、形态和味道四个方面进行，而且需要细细品尝，才能够体会到其味道之美。要熬出一壶醇香沁人的奶茶，除茶叶本身的质量好坏外，水质、火候，以及茶乳的比例都很重要。一般说来，可口的奶茶并不是奶子越多越好，应当是茶乳比例相当，既有茶的清香，又有奶的甘醇，二者偏多偏少味道都不好。还有，奶茶煮好后，应即刻饮用或盛于热水壶以备饮用，因在锅内放的时间过长，锅锈影响奶茶的色、香、味。奶茶一般在吃各种干食时当水饮用，有时单独饮用，则既解渴又耐饥，比各种

现代饮料更胜一筹。

生活在牧区的牧民喝奶茶时，总要泡着吃些炒米、黄油、奶豆腐和手把肉，这样既能温暖肚腹，抵御寒冷的侵袭，又能够帮助消化肉食，还能补充因吃不到蔬菜而缺少的维生素。蒙古族牧民的一天就是从喝奶茶开始的。这种嗜好在蒙古族作为一种历史文化表现延续至今。每天早晨吃早点的时候，新老朋友拥壶而坐，一面细细品尝令人饴情清

心的奶茶，品尝富有蒙古民族特点的炒米、奶油和糕点，一面谈心，论世事，喝得鼻尖冒出了汗，正是体现了俗话所说："有茶之家何其美"的景象。

蒙古族每天离不开茶，每天早上第一件事就煮奶茶。煮奶茶最好用新打的净水，烧开后，冲入放有茶末的净壶或锅，慢火煮2—3分钟，再将鲜奶和盐兑入，烧开即可。斟茶时，茶碗不能有裂纹，一定要完整无缺，有了豁子被认为不吉利。往碗里倒茶的时候，一定要把铜壶或勺子拿在右手里，从里首倒在茶碗里。茶不可倒得太满，也不能只倒一半。用手献茶的时候，手指不能蘸进茶里。可以多少晃荡一下，但不能把茶撒出来。倒茶的时候，壶嘴或勺头要向北向里，不能向南（朝门）向外、因为俗语里有"向里福从里来，向外福朝外流"的讲究。给老人或贵客添茶的时候，

要把茶碗接过来再添茶，不能让客人把碗拿在手里，由主人来添茶。新熬的茶在未喝之前，不管什么时候，都要向天、向地、向神灵作"德吉"泼洒，之后才能开始倒茶。每次倒茶，都要按照年龄的大小，从长者开始依次敬茶。茶喝到半碗以后，就要给客人添茶。在锡林郭勒等地，主人先给客人敬一碗茶，然后把茶壶放到客人面前，让客人随意自倒自饮。但是第一碗茶一定要敬。客人喝完茶以后，其中一个最长者要端着茶碗，说唱《茶的祝词》。主人和其他客人要一起接着长者的尾音说道："扎，愿祝福应验"。把碗里的茶喝完，把勺子从锅里拿出来，就可以告辞上路了。

礼尚往来喝奶茶

15

蒙古人自古以来就有每天清晨把奶茶的德吉作为祭品向佛和神献祭，然后将奶茶敬洒在蒙古包周围，以示对苍天、大地等神灵的崇拜。

近代方志载："茶，蒙古人甚嗜之，用必多量，如汉人吃饱饭而方止，其法则与汉人全异，茶之中混以牛乳及少量盐名为奶子茶"。

蒙古人自古以来就有每天清晨把奶茶的德吉（汉语意为最初、

最早、首先等）作为祭品向佛和神献祭，然后将奶茶敬洒在蒙古包周围，以示对苍天、大地等神灵的崇拜。如：敬献者用饭之第一碗，酒之第一盅，以示尊敬之意。献"德吉"是对神灵和人表示的敬意；蒙古人给客人或长辈敬茶时，就以茶当作"德吉"，以示对客人或长辈的尊敬；同样在娶亲时，喜车到达蒙古包，完成接亲仪式后，还将茶洒向车轮，表示洗尘。每当蒙古人出门远行时，也要向出行的方向泼洒奶茶，此为事事顺心的祈祷礼节。

　　以茶为"咪拉勒格"。"咪拉勒格"在汉语里的意为涂抹、泼洒、敬献等。蒙古人将茶泼洒在自己心爱的人、动物或物品上，以示对其的祝福之意；也有将黄油、酒等饮用食品涂抹或泼洒在新衣、

新物品之上，同样表示祝福之意。

在蒙古族习俗中，还有除夕茶、新年茶、祭火茶、新房茶、婴儿洗浴茶、搬家茶、毡子茶、挤奶茶等丰富多样的用茶习俗。

旧时，清朝与蒙古王公贵族常以茶叶为赐品，以示尊重。

平时茶叶要摆放在通风凉爽的地方，以防变味。捣茶的用具应正确摆放，不能用作其他。客人登门时，一定要熬茶款待，不能用白开水待客，更不能问客人是否喝茶这样的话，把茶直接端给客人习惯，这是起码的礼节。忌讳将茶渣与垃圾一起倒扔，使人失去"口福"。蒙古人敬茶时，先把茶敬佛，再给一家之主盛，然后才给客人盛，否则就失规矩，会导致本家中的福气衰落。蒙古族饮茶的禁忌习俗在一定程度上约束和规范了人们的道德行为。

随着生产、生活方式的变迁，蒙古族的饮食结构逐渐多样化，蒙古族的饮食除了传统的肉食和奶制品，还包括谷物、蔬菜、水果等，一些蒙古族，尤其是农业区的蒙古族和居住在城镇的蒙古族，饮用奶茶的量和频率都在下降，传统饮茶习俗逐渐淡化。蒙古族的年轻一代，由于在城市里上学、打工的经历增多和思想观念的更新，喝传统奶茶的年轻人已经开始逐渐减少。

蒙古族的茶饮变迁

16

蒙古族人喝奶茶是很讲究搭配的，有时要加黄油、奶皮子或炒米等，其味芳香、咸爽可口，是含有多种营养成分的滋补饮料。

《蒙古风俗鉴》中记载："蒙古人天天早晨煮茶兑牛奶，盛上半碗炒米泡上茶喝。因而，非常重视茶。大人小孩各按自己的食量，盛上炒米兑上奶茶喝。蒙古人自古把茶也当成食品"。蒙古族所饮用的茶，如奶茶、米茶、面茶、油茶等，含有牛奶、谷类、黄油、肉类等辅食，营养丰富，含有较高的热量。因此，茶

不仅是解渴的饮品，更是可以补充体力的食品。牧民喝足奶茶后，长时间出外放牧，既可以止渴又可耐饿。

蒙古族人喝奶茶是很讲究搭配的，有时要加黄油、奶皮子或炒米等，其味芳香、咸爽可口，是含有多种营养成分的滋补饮料。

草原上的牧民们喝茶，更是讲究配套。炒米、酥油、酪丹、白糖、盐巴，冬天往往还有风干肉。传统习惯，客人喝茶时，饮未及底，复来续满。客人如不想饮，可以声明，否则你只能灌一肚子茶。这大概就是蒙古族、汉族在饮食上的不同吧？汉族从小吃惯干的东西，吃稀的总感到吃不饱。蒙古族从小吃惯稀的东西，吃干的就不舒服。如"奶稀饭"和"霍零饭"（稀肉粥），其实都是半

流食。

在牧区，人们习惯于"一日三餐茶，一顿饭"。每天清晨起来，主妇的第一件事就是熬一锅咸奶茶，供全家人整天享用。牧民们喜欢喝热茶，早上，他们一边喝茶，一边吃炒米，将剩余的茶放在微火上暖着，以便随时取饮。通常一家人只在晚上放牧回家才正式用一次餐，但早、中、晚三次喝咸奶茶，一般是不可缺少的。

"奶茶泡炒米"是游牧民族的一大发明。不仅有生活依据，而且有科学依据。吃上一顿手扒肉，再美美喝一顿茶，不仅荤素搭配，稠稀结合，口中不腻，胃里舒服，而且很容易消化。牧区的蒙古族，常把炒米装在一张整剥的牛犊皮里（有时也装些干肉），酥油放在用酸水泡制出来的羊胃瘤中，带在马身上，不怕磕碰打碎，行走无声响。即是到了荒无人烟的地方，只要有水，捡几块干牛粪就能举火熬茶。直到今天，打草、走敖特尔（逐水草迁徙）、长途拉盐或打猎的时候，仍然坚持这种轻便简朴的生活方式。

蒙古族牧民不仅把奶茶当作饮料，同时也可当作饭食。奶茶中放的炒米是脆炒米，是用糜子米炒制而成：先将干净的糜子米倒入铁锅内，加适当的水煮，并不断的搅翻锅内的米，米泡胀后，使米皮层中的水性维生素渗透到米粒中去，增加米中的维生素含量。把泡胀的米捞出晾晒，然后，把干净的细沙子倒入铁锅内，将沙子炒红，把泡胀的米倒入，进行快速炒制，色黄不焦，米粒质坚而脆。这种炒米泡在奶茶中，吃起来酥脆香甜。也有糜子米不用泡，也不用沙子炒，而直接将糜子米放入锅内炒。这样的炒米较硬，被称为硬炒米。然后用碾子碾糜子米，去其皮，将糠簸出，即可食用。这种炒米不发霉变质，便于保存和携带。用炒米泡奶茶喝了解饥饿。在不同的季节所喝的奶茶也不完全相同，夏季鲜奶多，奶茶用鲜奶煮。但在冬季鲜奶少的时候，煮奶茶的时候就多用奶制品替代，特别值得一提的是黄油茶，在寒冷的冬天从野外放牧归来，身体受寒或是快被冻僵的时候，热热地喝上一碗黄油茶，身体很快就暖和过来。

17

随着生产方式的变迁，蒙古族逐渐定居下来，建起了固定的住宅，蒙古族开始使用瓷器、玻璃器皿等茶具。

蒙古族的茶具是蒙古族茶文化的外在表现形式之一，是蒙古族茶文化的重要组成部分，同时又是代表各个时期的精致工艺品。茶具的使用不仅仅是器皿的简单组合，而且还充分体现了蒙古族

悠久的历史文化、风土人情、绘画与雕刻艺术等文化内容，是宝
贵的历史遗产。

　　蒙古族茶具丰富多彩，琳琅满目。从制作材料上看，有木器、
铜器、银器、金器、陶器、瓷器、玻璃器皿等。蒙古族的传统生
活方式是逐水草而居的游牧生活，他们经常迁徙，所以，蒙古人
很少用易碎或者不结实的材料做茶具，而主要使用木器、铁器、
铜器等结实耐用的茶具。"最早是用树皮当碗，后来发展到大量
用椴木碗。其他各种器皿和家具，也多用木制。以后有发展到用

石头做锅、碗使用。再以后出现了生铁锅……后来铜锅兴起，西藏的松赞干布时代，铜锅、铲子、夹子、碗、照人的镜子等纯铜的东西大量出现。那时的家用器皿多用木、铁、铜制成。"后来，随着生产方式的变迁，蒙古族逐渐定居下来，建起了固定的住宅，蒙古族开始使用瓷器、玻璃器皿等作为茶具。

　　蒙古族的传统茶具上往往带有民族传统纹饰，常见的纹饰有牛、羊、马、双鱼、双龙、鸟类等飞禽走兽和山水花卉等，具有很高的艺术鉴赏性。现在的蒙古族茶具样式和风格趋于现代化，已经很少见到传统的民族样式和纹饰。蒙古族的茶具根据不同的区域和用途，主要有装奶桶、搅茶桶、蒙古刀、茶臼、木杵、茶壶、高桶茶壶、茶碗等多种用具。

装奶桶——装鲜奶的有木桶，主要是柏木、松木或柳木制品，后来的桶多为金属制。

搅茶桶——将熬制的奶茶佐料放在桶内搅拌，直到搅拌出油为止，然后把搅拌好的佐料倒入烧开的茶水里搅拌。

蒙古刀——削砖茶或切砖茶的蒙古刀，刀身以精钢打造，刃口锋利，可以很方便地把砖茶切开、切碎。

茶臼和木杵——茶臼，蒙古语称"熬古日"，用硬质木根制成，也有铜或铁制的，高2尺左右，直径1—1.5尺。呈圆柱形或圆锥形，其上中底部均刻有传统花纹，作枝蔓形或菱形，图案古朴大方，富有民族特色。过去，每户人家都有"熬古日"。《蒙古秘史》中记载："成吉思汗没有理会别勒古台的劝告，从旁折取一根树枝，抽出捣马奶子的木杵就打，把主儿乞族人打败了……"这里就提到了捣马奶子使用木杵，同时，木杵也可用来捣茶和捣米。捣茶

时将切成小块的砖茶放入熬古日内，用木杵捣碎。

茶壶——是在茶具中重要而珍贵的用具之一，用来装煮好的奶茶。蒙古族最早使用的茶壶为木制，是用杨树等树的树心制成的，各地区使用的茶壶不完全相同，有的呈圆形，有的呈椭圆形，也有的呈六边形或四边形。后多用铝质、铜制、铁制、银制，现在还有瓷制茶壶。"一般是用铜料或铝制的大肚圆口壶，用以盛茶待客，农业区一般是用瓷茶壶泡茶待客。"容积比普通的茶壶稍大，铝壶和铜壶的壶盖都很讲究，刻有花纹，尤其在清代，有银制的凤嘴龙纹的银壶制作的最为精致，壶身上配以各种卷草、莲花瓣和各种几何纹样，成为极富装饰性的民间工艺品。

高桶茶壶——蒙古语即为温都鲁，意即高的，壶形为圆锥形，壶口呈半圆形，约高二尺左右，带把。一般用桦木制作，上面有

四道或五道金属制成的箍，箍上刻有各色花纹，也有用紫铜或黄铜制作的箍，紫黄相间，色彩相宜。温都鲁是盛奶茶、奶酒的必备器皿。

茶碗——蒙古族所用的茶碗是木制的，称"翠花碗"。"蒙古人胸次所拎之木碗以桦木制成，贵者以札批野（桦木根有翠色花纹）制之。曰翠花碗。制时，须以核桃油擦摩使润。镶以银。碗中镶银三钱许，佳者值银二十余两。桦木者值数两"。这种木碗是用桦树根旋挖成型，再用装饰薄银片包镶而成的。归化城（今呼和浩特）最大的木碗铺是瑞恒永，价格最低的是树身制作的木碗。木碗便于牧民随身携带，藏于怀内，使用时拿出来。蒙古族王公贵族使用的木婉，是用银片包镶而成，包镶的图案多种多样，八宝图案是使用最多的，非常讲究，充满着浓郁的民族特色，虽然蒙古族饮茶器具不如中原地区茶具那样复杂，但是其简单实用而又极富民族特色。

陶瓷、玻璃器皿传入内蒙古地区后，现在蒙古族多用瓷碗、瓷杯或玻璃杯。

出嫁姑娘送亲祭

18

"姑娘宴"是蒙古族婚礼中女方家的一个小宴席，但对于出嫁的姑娘来说却很重要，因为从此以后，她就要离开父母、姐妹兄弟，独立承担一个家庭了，由此，也可以说，"姑娘宴"是蒙古族姑娘走向成熟的一个驿站！

有关喝奶茶的一些仪式，在草原牧民的日常生活中，是相当重要的礼俗。在传统的蒙古族婚礼中，"送亲茶"（一些地方也叫作"姑娘茶"）就是一项很重要的仪式。

喝茶长大的蒙古族姑娘，对茶有种特殊的感情。随着婚期的临近，想到再也喝不上娘家的茶了，这种感情又越来越强烈地注入了依恋、惜别的成分。父母理解女儿的心思，便邀请同乡亲朋的姑娘们，来与即将出嫁的女儿一同坐席，给女儿好好喝一顿送亲茶，为即将远嫁的女儿饯行。

跟平日喝茶不同的是，这次女儿是主人。

宴席开始前，父母让女儿穿上新袍服，去掉腰带，穿上靴子，帽子用绸绢包起来缝好戴上。众姑娘到齐后，母亲先把熬好的头一碗茶，端来敬给姑娘。姑娘长这么大，从来都是先给客人和父母敬茶，没有母亲给自己敬茶的。这是第一次，也是最后一次。她眼里噙着泪，躬身将茶碗接过，尝一口放下，再给母亲回敬一碗茶，然后伏地给双亲磕头，感谢父母的养育之恩。随后母亲端一碗鲜奶让众姑娘一一尝过后，便向大家正式宣布姑娘即将出嫁。姑娘顿感忧伤，即刻痛哭流涕起来。

达尔罕部落的姑娘喝送亲茶的时候，要请两位嫂嫂作陪，面

前要摆上特意给女儿吃的绵羊胸茬。阿巴哈纳尔部落除了摆胸茬，
还请祝颂人唱祝颂词。不论哪里的姑娘，众人看到这种情景，都
会跟着哭作一团。这时，祝颂人和亲戚们便上前来安慰：

"到了一十八岁／辫子长够了尺寸／出嫁到偏远的地方／并
不是不好的事情……"众姑娘也停止了哭声，唱起《姑娘宴歌》，
用歌词嘱咐将要出嫁的姑娘，倾诉离别之情："起行上马／请撩
起长袍的大襟／遇事处人／要切记快嘴的毛病／缝斜了襟扣儿／
万不可让婆婆看轻……"

还有孝顺公婆善待丈夫等一大套，都是劝慰和训导之词，因

此，有的地方把这个宴席叫作"说给姑娘听"。

"姑娘宴"进行期间，女方父母还有一项任务就是：斟满酒杯从请来的客人中聘请那些老诚稳重、熟知礼节、善于辞令的长辈男女为送亲代表。再聘请两位性情温和、为人正派、手脚勤快、上有父母、下有儿女的妇女，为新娘的住宿嫂嫂和月嫂（住宿嫂嫂要跟随新娘到新郎家住几天，月嫂要住一个月）。以便为第二天的送亲礼仪提前做好准备。

"说给姑娘听"的日子，各地不一样。苏尼特部落、阿巴哈纳尔部落、巴林部落在迎娶的那天上午，男方未到之前举行。巴林部的姑娘更排场，坐在蒙古包的当头正面，父母亲戚众星捧月般围绕她坐着。她头上已经蒙了红纱。祝颂人把鲜奶倒进银碗，

举在手里，跪在火撑子前面，面向姑娘念过祝颂词后，将鲜奶让她尝过，领进另一座毡包。这已经是出嫁的前奏——送亲茶的宴会，是女方一家人举行的，男方不介入，充满儿女情长的脉脉温情。送亲茶的宴会比较小型，一般不上酒，来的客人不拘多少，都要给姑娘带点小礼物。

姑娘的送亲茶，不仅娘家给喝。不少地方推而广之，扩展到女方所有亲戚本家。喀尔喀部从婚礼的前一个月开始，姑娘就由合适的人领上，挨门逐户地到亲戚家串包、赴宴。巴雅特部落称为"喝酸奶"，布里亚特部落叫作"姑娘躲"。串包的人家不仅好酒好饭招待，还要家家送一份礼物。

苏尼特部落则在姑娘离家前，专设"奶酒宴"招待姑娘，母亲手捧一银碗鲜奶，疼爱地凝望着姑娘，让她品尝姑娘时代的最后一次鲜乳，祝颂人满怀深情吟唱祝颂词。

土尔扈特部的做法更特别："扎！你就不用走了，干脆把日子通知大伙儿，让他们把毡包搭在一处，你东包出、西包进地吃请就行了。这样不仅请你方便，大伙儿在一起红火也方便"。事实上他们正是这样做的，在婚礼的前一礼拜，共同下包在一个水清草嫩的地方，把出嫁的姑娘请到家里。每家杀一只羊，把左邻右舍请来热闹红火。先由一家打头，把姑娘请到家里，叫上几个要好的姐妹跟她做伴，喝酒联欢，而后家家轮番宴请。等各家请过一遍，最后，也就是婚礼前一天晚上，姑娘的父母要把所有的亲戚请到家里，为姑娘作总的饯行，这就是出嫁前"最后的晚餐"。

　　"姑娘宴""送亲茶"包含的意思，各地都一样。但在做法上却异彩纷呈，各有千秋。厄鲁特部落在这个仪式开始前，要把姑娘的腰带解下，给她穿上淡蓝色的蒙古袍。这使人联想到黎明前东方出现的鱼肚白，仿佛天一亮姑娘就要被娶走。实际上从第二天开始，她的舅舅或叔叔们才开始一一牵马而来，把她"搬走"加以招待。那淡蓝色的蒙古袍，只是一种婚期临近的象征。而布里雅特部落刚好相反，大伙儿娱乐一整夜以后，天一亮女婿就要上门，姑娘就要出嫁。

　　"姑娘宴"是蒙古族婚礼中女方家的一个小宴席，但对于出嫁的姑娘来说却很重要，因为从此以后，她就要离开父母、姐妹兄弟，独立承担一个家庭了，因此，也可以说，"姑娘宴"是蒙古族姑娘走向成熟的一个驿站！

祝福满满德吉宴

19

按照蒙古族传统习俗，婴儿未满周岁前不剃胎发，待到满一岁时，设酒宴过生日那天才给孩子剃胎发，同时还进行"抓周"仪式，谓之"婴儿周岁宴。"

　　蒙古族小孩到了一定的年龄，要举行剃胎发仪式。在去发宴正式开始的时候，首先要请小孩父母双方至亲中长辈入席就座，以茶接待客人，孩子的父亲要将作为仪式中吉祥食品的"剃胎发德吉"，献给主客老人（客人里面辈份高，年龄大，为孩子剪支渠第一束胎发的老人或长辈），并邀请老人给孩子剃胎发"。这里的"德吉"是盛在盘中的油炸饼，是主人为答谢老人所敬献的

第一位的食品。

献德吉之礼不光在去发宴上使用，在平时的诸多宴会上，也经常能见到这种情景。家有来客，大家共同进餐时，无论是喝茶、饮酒，还是吃饭，主人总会向客人崇敬地奉上德吉。若来客为年轻人，虽有权接受德吉，出于礼貌还是要先让给家中的长者。献德吉在蒙古语称："德吉乌日根"。作为德吉的食品一般应该是奶食或肉食。主人要当着客人的面，从食物、美酒中取少量向天扬洒，以示将神圣的德吉贡献上苍，这种做法一直延续至今。蒙古族把这种仪式叫作"泼洒

礼"。无论是重大的礼仪庆典，还是日常生活之时，向天空抛洒德吉时，常行此礼。泼洒礼是用来向天，向地，向神灵，向祖先表示敬意的礼仪。之所以用无名指，是因为蒙古人认为其他几个手指在一般场合下都另有"职责"，只有无名指是"净指"，"泼洒或醮酒"（指把酒洒在地上表示祭奠或起誓）

只能用这个手指。此外，在蒙古族的婚礼上，也常有献"德吉"的礼节。

按照蒙古族传统习俗，婴儿未满周岁前不剃胎发，待到满一岁时，设酒宴过生日那天才给孩子剃胎发，同时还进行"抓周"仪式，谓之"婴儿周岁宴。"设酒宴庆贺周岁时，除请父母双方的至亲参加外，还要请左邻右舍参加庆祝活动。

届时，至亲好友们都会携带整羊、砖茶、童装、各色布帛以及儿童玩具等礼品前来参加生日宴席。除上述礼物外，他们还备有家庭德吉和生日宴德吉等两份贺礼。祝福孩子健康成长。

通常剃胎发仪式在上午进行。首先请小孩父母双方至亲中的长辈入席就座，以茶接待客人之后，剃发仪式正式开始。这时孩子的父亲将作为仪式吉祥食品的剃胎发德吉，即盛在盘中的油炸饼摆到主客老人面前，行叩拜礼说"请您老人家给孩子剃胎发！"主客老人回答说："今天上午给孩子剃胎发大吉大利！"大家异口同声说："但愿如您老人家所说大吉大利！"

这时孩子的父亲在盘中摆上奶食、糖果和五谷类，用红布把它蒙上，在红布上面放一把系着哈达的新剪刀，然后把它恭敬地放在主客老人面前的桌子上。接着用银碗盛一碗鲜奶献给主客老人，请他为孩子剪胎发。主客老人接过银碗后，先用右手无名指蘸一点奶子，向空中弹洒鲜奶敬天敬神，弹过自己品尝一下后，依次递给其他客人品尝。品尝毕，孩子的父亲将盘中的剪刀递给主客老人。母亲则抱着孩子站下首等待剪发。这时，主客老人拿起剪刀，用银盘中的奶食涂抹孩子的头发，表示祝福。然后给孩子品尝奶食，接着吟诵剪发祝词。

主客老人一边致祝词，一边剪下第一束头发放入盘中，并把剪刀递给下一个人。当客人们依次用剪刀剪下一绺绺头发时，孩子的父亲则向每一个剪发的人行一次屈膝礼，并双手高举着盘子请大家把剪下的头发放在盘中，留做永久的纪念。

给孩子剪发时要把百汇到前额的头发留下来，谓之"桑麦"，即汉族之"刘海"的意思。把其余头发全部剪下来后，把它团成一个小圆球，配以青铜小饰件或古铜钱，以及贝壳、珍珠和绿松石等饰品，缝在孩子的后衣领上，再把铜钱用皮条绳串起来，并在其一端系上小铜铃铛或箭矢，做成一尺多长的两三根皮

条串子，系于小孩后衣领上的发球团上面。

剃完胎发后，接着进行"抓周"仪式。其做法是，用盘盛弓矢、鼻烟壶、笔墨、剪刀、珠宝、玩具、奶食、针线等物，置于小孩前，让他抓取，看他（她）抓些什么，以卜其一生性情和志趣。如果男孩先抓取弓箭，大家评论说："这孩子长大后要挎着弓箭从军参战，成为一名战斗英雄"。如果孩子先抓取鼻烟壶，人们说"这孩子将来会做大官"。如果首先抓取的是笔，那么人们评论说："这孩子将来学业有成，为国效力"。如果女孩子首先抓取糖果点心，人们说："这姑娘命运好，长大后会嫁到富有的婆家"，要是她抓取的是剪刀，人们就说："这姑娘将来一定是个闻名遐迩的女红巧手"！

这样进行一番品评之后，家庭主妇献上将宴席推向高潮的一

道茶，并敬酒奏乐，人们唱起赞美父母抚育儿女的情深似海的民歌，由衷地赞颂人类尊敬父母之恩的崇高品德。在这些民歌中，《我的父母双亲》最受推崇，最受欢迎。其歌词大意是：

高高的宝塔上空 / 朵朵白云在游动 / 我敬爱的爸爸妈妈 / 无时不在思念儿女 / 在那遥远的西山顶 / 据说有宝大于猛虎 / 我说世间宝中宝 / 比不上我白发母亲

仪式进行到中午时分，主人摆上"整羊席"，请大家共尝"羊背子"。之后，客人们再吃象征吉祥的食品之后，周岁宴就结束了。

附：德吉：即是第一的意思。这是蒙古族敬重客人和长辈以及亲戚朋友的一个庄重而神圣的礼节。在蒙古族的一些重大的节日和庆典中，都有献德吉的礼仪。

正月初三喝新茶

20

每年一到正月初三，在青海草原上的蒙古族人，但凡亲朋好友、本家兄弟、住的不是很远的邻家，都要在这一天聚在一起喝新茶。

　　喜欢经常到大草原上"撒欢儿"的旅游爱好者，多半都怕当地人敬酒。那最少一两的杯子摆在盘子里，一下子就让你干掉三杯。有的地区用的还是银碗，容量又是杯子的三倍，热情好客的主人一手托着哈达，一手端着银碗，又唱又劝的，不擅长饮酒的人，一见这阵势就吓傻了，这时候就会说，我不喝酒，我多吃饭总行

了吧！您别急，您以为草原上的饭是那么简单的？您不妨去青海
草原上的蒙古族人家去试试，尝尝他们每年正月初三的喝新茶。

　　每年一到正月初三，在青海草原上的蒙古族人，但凡亲朋好
友、本家兄弟、住的不是很远的邻家，都要在这一天聚在一起喝
新茶。头一家专门派人通知，以后的人家就在头一家喝茶的时候
商定：今天在你家，明天在他家，一家一家轮着来，轮到谁家，
谁家就要把好吃好喝准备齐全，还要在外面多钉几根马桩子，多
扯一根练绳。大家对每年一次的喝新茶都非常看重，规矩也很严
格。

　　住得近的人家，把牲畜点清放在跟前，全家老少都得来参加。
住得远的人家，只留一个照看畜群的，其余的也都来参加。到了
谁家，主人就先迎出来，给你把马拴上。将客人请进蒙古包里，
先摆上各种饼子、奶食、糖果、肉干之类的吃食，端上一碗茶。

　　正式喝茶时每人的碗里一个饼子。吃喝完以后，主人把碗收
回去，重新洗刷过，这时候主菜来了：碗里先给放上四个方饼子，

竖起来围成一个桶状，里面填满其他的饼子，上面撒上白糖，加上酥油，再满满的倒上一碗茶，端给你，请你吃喝。这下你傻眼了吧，你若要求主人少放点，主人一定会温暖地回答你："人有福气，胃有空隙，吃吧吃吧，好吃你就多吃点"。但绝不会因为你的请求而减量。你若是想要作弊，趁主人招呼别的客人不注意你的时候，把尚未泡湿的饼子拿出来，混在桌上放其他饼子的盘子里，主人发现不了也就罢了，一旦发现就要加倍惩罚你，给你在碗里放进更多的饼子。不过大家也不用过分紧张，在新年里，牧区的生活都是慢节奏，有的是时间，唱歌跳舞的工夫也就把您吃下去的食物消化得差不多了。

喝完茶，随后就是放羊背子，自由割食，这个就比较宽松了，不过还是要提醒您给自己的肚子留点儿地方，因为最后还有一碗汤呢。牧区的喝汤，也和喝茶一样，内容也是很充实的。一般是在大米稀饭的里面放上几个

肉包子，或者捞上一碗带汤的挂面里面同样搁上几个肉包子，规矩是每人必须喝两碗。你若吃完一碗不吃了，主人就会满满盛上一勺头饭，站在一旁"威胁"你，饭后还是喝茶、饮酒、唱歌。等快结束的时候，主人又从口袋里倒出一大盆面，加油加糖和了起来。我估计这个时候您的小心脏恐怕是再也承受不住了，心里一定在碎碎念："天啊！这地儿的主人也太热情了吧？这怎么还吃啊？这下回还敢来吗？"

不过，这回您可猜错了，这是给客人拿的，每人一团，拿了带回去吃。家里若是有人看家没来的，也要给带一份。有的人家人口多，出门就自备一个大褡裢，走上三五家，就能满满驮回一褡裢。这是油糖食物，当地的天气也不热，也不会变质，放到春天青黄不接的时候再吃，那可是美味的不得了。

煮茶礼佛在帝都

21

清代最好茶饮的皇帝是乾隆帝，自乾隆八年至乾隆六十年，在清宫内皆有茶宴。

在清代，对于京城和四郊的佛寺、道观，均由皇宫内务府在固定的日期发放"布施银"。由于雍和宫为皇家寺院，除去每月的"香供银""香烛银""道场银"外，还有"熬茶银"，即熬制奶茶的费用。熬茶是清代藏传佛教隆重的礼节之一，也是清代宫廷的盛事。

清代最好茶饮的皇帝是乾隆帝，自乾隆八年至乾隆六十年，在清宫内皆有茶宴。其中规模巨大的"千叟宴"，即有"进茶"和"赐茶"仪式。此仪式均用奶茶，清代宫廷日常生活中也爱用奶茶。《养吉斋丛录》云："旧俗尚奶茶，每日供御用奶牛及各主位应用乳牛，皆有定数。取乳尚交茶房，又请茶房春秋二季造乳饼"。清宫"千叟宴"中将奶茶用于进茶的礼仪，使传统茶文化增加了草原文化的色彩。当时，在清宫御茶房任职的都是蒙古族人，由一人任"乳茶长"，其他人员十一人。熬茶种类分为乳茶（即奶茶）、酥油茶等。乳茶原料有黄茶、大盐、奶油和鲜牛奶。

熬制乳茶、酥油茶的用料及程序虽有不同，但均离不开牛奶、砖茶、盐及奶油(或酥油)这几样。

牛奶以桶计算，每桶重三十五斤八两。根据乳油成分的多少又分为六个等级。一等牛奶为祭品使用，每桶价银八两；二等牛奶为清帝御用，每桶价银七两二钱三分；三等牛奶为皇后用品，每桶价银五两四分；四等牛奶为嫔妃用品，每桶价银四两四钱三分；五等牛奶赏王公大臣食用，每桶价银三两三钱三分；六等牛奶为宴外所用，每桶价银二两二钱六分。此为乾隆四十六年（1781）所定。

清帝常派大臣到西藏拉萨参加熬茶盛事，在当时，蒙古王公和大喇嘛中，也有前往西藏参加熬茶的。而雍和宫的熬茶，一则是为清帝以茶供佛之用，二则是为了施舍给京城及四郊各藏传佛教寺院的僧人，三则是为雍

和宫僧人食用。历史上，各大活佛到雍和宫礼佛、放布施时多包括熬茶银两。

乾隆四十五年(1780)，六世班禅大师为祝乾隆帝七十大寿，来到京城，并于十月十四日在雍和宫放布施，其中即有僧茶银。1908年，十三世达赖喇嘛于九月一日到雍和宫礼佛施舍，予喇嘛熬茶之需。现在，雍和宫内还藏有清代至民国时期僧人喝茶所用的铜壶和茶具等。在班禅楼、戒台楼内，陈列着第十世、十一世班禅大师来雍和宫喝茶所用过的瓷茶碗等物品。庙里食堂熬奶茶的程序与草原牧人熬茶相同，需先将购来的茶砖以刀劈成薄片，加水煮好，滤去渣滓，然后加上适量鲜奶或奶粉，继续煮，边煮还要边以大勺频频舀起，以使奶和茶充分融合，最后还要加少许

盐。熬茶时，对于茶叶所熬的程度、火候，何时兑奶放盐均有一定学问。而喝奶茶不能一口饮尽，需不断添加，慢慢品尝。

喝红、绿、花茶，要的是清淡、宁静，为淡雅之美；喝奶茶要的是醇厚、温和，是纯朴、柔和之美。平日，老僧人大多熬奶茶喝，若有人来访，也时以奶茶相待。其中奶茶的辅食，大多为僧人们回家乡时带来或由家乡僧俗寄来、捎来的。炒米以内蒙古鄂尔多斯草原牧人加工的为上，粒大饱满，又脆又香。奶豆腐、黄油等则以浑善达克、克什克腾等地为最；奶豆腐块大鲜软，不酸不甜，奶味醇厚。黄油则提炼较纯，色泽鲜亮。近年，时有草原牧人到雍和宫礼佛，他们要献上哈达、茶砖、奶豆腐，并以黄油点灯，以示诚敬。在这样的仪式上，茶，已然成了圣洁的象征。

禅茶一味敬神佛

22

据《汉藏史集》记载：噶米王（赤松德赞）向汉地僧人学会了烹茶，米扎贡又向噶米王学会了烹茶，这以后便依次传了下来。后来又不断有大批汉族禅僧入藏传法或经吐蕃去印度求法，将内地烹茶的方法和饮茶的习俗直接传给了藏地的僧人。

佛教于东汉时传入我国，饮茶之风便逐渐与坐禅相结合，并不断发展。佛教中的"禅"是梵语"禅那"的音译，意为静坐修行。要求修行者止静敛心专注一境。在这一过程中，茶可以驱除因长时间坐禅产生的困倦感，醒脑提神，又不违背"过午不食"

麦达里活佛一世

的戒律。《封氏闻见记》中的记载佐证了这一点："开元中（713—741），泰山灵岩寺有降魔师大兴禅教，学禅务于不寐，又不夕食，皆许其饮茶，人自怀挟，到处煮饮。从此转相仿效，遂成风俗"。寺院多数都有一定的田产，僧人们不参加劳动，修行之外的时间就为他们深入研究茶的培植、制作加工以及品饮艺术等提供了可能。所以，寺庙不仅成了饮茶的重要场所，也逐渐发展成为生产、宣传和研究茶叶的中心。因而有了"自古名寺出名茶"之说。四川雅安出产的"蒙山茶"，亦作"仙茶"，相传便是汉代甘露寺普慧禅师亲手所制，成为向皇帝进贡的上等好茶。

　　自佛教在吐蕃境内开始传播，茶与佛教就结下不解之缘，最后形成了茶禅一味。所谓茶禅一味，就是要断荤腥以恢复元气。虽然在对待荤食方面藏传佛教与汉传佛教存在着一定的差别，如汉传佛教僧侣一般忌食荤食，而藏传佛教寺院的僧侣是可以食用

牛羊肉的。但是，在日常生活所需的饮料当中，茶都是两者的至爱之物。由于茶具有提神醒脑、清心降火等功效，历来是佛教僧侣们修炼打坐时的一种理想饮品。

据《汉藏史集》记载：噶米王（赤松德赞）向汉地僧人学会了烹茶，米扎贡又向噶米王学会了烹茶，这以后便依次传了下来。后来，又不断有大批汉族禅僧入藏传法或经吐蕃去印度求法，将内地烹茶的方法和饮茶的习俗直接传给了藏地的僧人。加之吐蕃王朝的热巴巾赞普（815—838）开展的尊佛运动，使藏地喇嘛的社会地位大大提升，无形中促进了寺院中饮茶之风的向外传播。

　　史诗《格萨尔王传》中有王妃珠牡，边舞边唱，向众英雄敬茶的记载，她的唱词包括茶的源起、酥油茶制作方法、功效等，反映出了茶在藏族精神世界中的重要地位；藏传佛教以普世情怀感染信徒，所以极为重视与信徒间的精神沟通。因此，二者的共同作用，自然而然地构成了藏传佛教极力推崇饮茶的重要原因。

　　吐蕃前期，茶叶得来不易，藏族社会中能够饮茶的主要是宗教人士和上层贵族，到后来普通百姓才逐渐能够喝到茶。"由于藏族对僧人十分崇敬，他们的饮茶习惯极易被人效法。特别是吐蕃最后一位赞普达玛（839—842）时大力灭佛，寺院被毁，大批僧人被迫还俗，这些融入民众中的僧人又将饮茶之习和烹茶之法直接传播于普通的人民之中。"因此，可以毫不夸张地说，藏族社会的饮茶之风，最先应是从寺院的僧侣，特别是高级僧侣中开

始流行的，寺院的僧侣是藏族社会中最早饮茶的群体之一。

茶在藏区的寺院中有着重要的地位，不但每个僧侣重视，普通百姓也极为认同。在拉萨的大昭寺内，至今仍然保存着千年以前的康砖茶，被寺院的僧侣们和广大信徒看作是镇寺之宝。据载，西藏喀温巴穆大喇嘛寺常常举行盛大的茶会，以款待四方云游僧人。当有普通百姓或信徒向僧侣们请求赐福时，僧侣给他们发放的"神物"或"神水"中一般都有茶的成分。而一些普通藏族百姓则常常把茶包好放入佛像内，并请来活佛开光，这样便可以为佛像赋予灵气，镇宅护院。

寺院僧侣每天所消费的茶叶来源，与普通藏民的有所不同。一般藏族百姓喝茶，茶叶大多是自己花钱从市场上购买的，而寺院僧侣们所需的茶叶，来源渠道却是多种多样的。除了一部分是来自自己家庭的供应，一部分靠自己帮别人念经得到供奉购买或者外出化缘得到以外，另外还有相当大一部分的茶叶是由寺院接受施主们的布施，然后以集体统一供应的方式得来的。施主一般是以钱给寺院布施，然后由寺院代为购买茶叶，熬茶后再分给僧侣们饮用。也有一些施主是直接给寺院布施茶叶的，特别是在那些比较重要的宗教节日期间，这样的布施就相对多一些。

由于需茶量很大，藏区的大寺院中每年一般会有特定的"收茶日"，藏语叫"滚芒嘉"。信徒们纷纷拿着砖茶到寺院为喇嘛滚茶，予以布施。随着需茶量的进一步增加，藏传佛教信徒向寺院布施茶叶的现象也随之增加，而不再仅限于特定的"收茶日"。这包括了信徒个人行为，也有集体性的布施；既有本地或者附近的信徒做的布施，也有千里外送来的布施。如明朝时，皇帝就以国家的名义向藏区寺院布施茶叶，叫作"熬茶布施"。 熬茶，又称煎茶，这是一种由信徒向藏传佛教寺院发放布施的宗教活动，一般是由熬茶者向寺院僧众布施金钱或者酥油茶，而寺院的僧侣们则为之诵经祈福。过去，那些富裕的人家，平时请寺院里的僧侣们为自己念太平经，或者是在遇到特殊事件的时候，请僧侣们念经消灾，自己则拿出数量相当可观的金钱或大批量的茶叶供奉给寺院。在各种名目的布施下，不少朝贡僧人利用"熬茶布施"和"熬茶通道"的宗教习俗，主动去申请茶叶布施或者购买茶叶。

　　藏族寺院中的制茶、饮茶工具与普通藏族百姓的并无二异，主要包括了各式的酥油茶制作工具、火盆、茶壶、茶碗等。但寺院中多备有大型熬茶的器具，如扎什伦布寺的大茶锅，直径达3米；塔尔寺内备有的大铜锅，直径2.6米，深1.3米，有5个之多，所熬之茶可供5000人同时饮用。僧侣们饮茶比普通百姓更注重茶碗，每个人都备有自己的茶碗，方便卫生，在为百姓做法事时，为僧人们准备的茶碗也必须是专用的，其他人不得使用。茶碗的

设计与制作讲求艺术性。上层喇嘛中流行印有云纹等图案的瓷碗，在少数大活佛和大贵族中则备有银碗、金碗和玉碗。青海玉树一带的藏族僧侣喜欢用八宝碗来饮茶，碗的名称来自碗壁上画有的八宝图案。八宝被视为藏传佛教的信物，象征着吉祥如意。

寺院里不同等级的僧侣所用的茶碗是有区别的，如青海藏区的寺院僧侣所使用的贡碗，一般不能混用，从茶碗的颜色和图案就可以大概知道使用者的社会地位。如茶碗的颜色为黄色，并绘有龙、凤、荷花等图案，说明该茶碗的使用者是有威望的僧侣；倘若茶碗的颜色为浅蓝色，以雄狮作为装饰图案，说明该茶碗的使用者为一般的僧侣。

适逢藏历新年的话，寺院首先要准备包括茶在内的许多用品，大年初一早上的喇嘛新年又有献茶之礼。由于正月里佛事活动较多，所以这一时期也就成了寺院中集体饮茶次数较多的时期。藏传佛教寺院的僧侣们，通常是每日集体饮三次茶，即在早、中、晚三个时间段的诵经礼佛活动后，由寺院统一熬茶分给他们喝。早上为酥油茶，晚上喝清茶。饮茶时，僧侣们在大殿内依僧职高低、修习等级，按序而坐，由司茶者斟茶；喝完后若想再喝，须将碗

略向前伸静候司茶者再来倒满，饮时须保持安静与端正的坐姿。

据相关书籍记载："寺内的日常生活，早晨从五点到七点，全寺喇嘛都到措钦大殿念经吃早茶，以后各回自己僧舍休息或学经。到九点或十点，每个扎仓的喇嘛各集于所属的扎仓大殿内诵经吃午茶。午茶时间有时超过三个钟头。午后三四点钟时，每个康村的喇嘛各集于自己所属的康村殿中诵经吃茶"。现在，许多藏传佛教寺院的僧侣们，晚上还要聚集在康村（即根据寺僧籍贯设立的学经组织，又称孔村等）内喝茶祷告，藏语称为康恰。

寺院僧侣的集体茶饮，并不像俗人家中喝茶那样随便。许多寺院的集体供茶是由专门司茶役的僧侣来负责的，到了供茶的时间，僧侣们按照自己原来的位置坐好，不能随意乱坐，相互间也不能大声谈话说笑，然后从自己的怀里取出随身携带的茶碗放在跟前，司茶的僧人会按照一定的顺序一一给僧侣们的碗里斟茶。

僧侣们喝茶时，一般都不会发出很响的声音。特别是在举行比较
重大的法事活动的时候，集体饮茶的规则就表现得更为明显："每
当举行法事仪式时，由司茶僧人依次给每个人斟茶。大经堂森严
神秘，僧人们排排坐着，诵读经文。待斟茶之际，十几位青少年
司茶僧人，光着脚，提着茶壶给众僧斟茶，壶中的茶倒没了就飞
快地往壶中灌茶，灌茶又有专人负责"。

　　实际上，由寺院统一安排的每天三次集体茶饮，对于许多僧
侣来说是远远不够的。因为寺院的集体供茶不足，所以许多寺院
的僧侣都习惯自己备有一口专门用于烧茶的小锅，平时备有少量
的茶叶，念经打坐之闲暇则可自己熬茶来喝。由于藏传佛教的许
多僧侣都有自己单独的僧舍，因此，自己有条件熬茶饮用而不至
于影响到其他僧人的生活。

　　藏传佛教中饮茶的名目很多，如各教派中都有不同的敬茶诵经习俗，经文比普通信徒所诵读的要长一些。如格鲁派的敬茶经文："格鲁开派宗格巴，明智自在贾曹杰，显密教主克珠杰，向诸位父子敬茶"；宁玛派："天竺班钦恩洒藏地，莲花生行居无常规，现在镇住西南魔妖，向伍金大师敬献茶"，等等。僧人在受戒前后均要饮用"受戒茶"，这样可以使僧人受戒后虔诚坐禅。就茶汤的浓稠度而言，相对于普通百姓所饮之茶汤，寺院中的僧侣们更喜欢较浓的茶汤，颜色呈黄红色，这和寺院生活的特殊性有着紧密的联系。

万里迁徙东归路

300多年前，中国土尔扈特蒙古人的祖先从伏尔加河畔起程，"向着太阳升起的东方"浴血东归。今天，他们后代阔步21世纪，在中国共产党领导下，正满怀航天英雄太空行走的豪迈和胜利返回的喜悦，为东方巨龙的腾飞、辉煌历史的再现高歌猛进！

7世纪的唐代，强大的唐帝国版图周围，分布着许多游牧民族。九姓鞑靼活动于蒙古高原。数百年后，九姓鞑靼的后人被称作克烈惕人。当一代天骄成吉思汗崛起于蒙古高原，统一蒙古各部，建立了强大的蒙古帝国，克烈惕部的政治势力也从蒙古高原的历史舞台销声匿迹。元朝灭亡后，克烈惕部重新崛起，成为北方地区的强大势力。传说，就在这个时期，绰尔期部脱欢太师给克烈惕改名为土尔扈特。据考证，"土尔扈特"和"克烈惕"是异音同义词，是渡鸦。克烈惕部首领——土尔扈特部始祖王罕本名为脱括里，突厥语中指一种猛禽，是雄鹰。以大鸟猛禽为图腾，在世界各国民族中都相当普遍。克烈惕衰败之后，改用"土尔扈特"来称呼，仍保留了原有的含义。明代，土尔扈特成为四部卫拉特联盟中的一员，游牧于雅尔所属额什尔努拉地方，即今新疆塔尔巴哈台一带。由于种种原因，明崇祯二年（1630），九世首领和鄂尔勒克率5万帐、20余万部众，西徙至伏尔加河流域居住，并建立了土尔扈特汗国。几代土尔扈特人，为了维护民族的独立自主，进行了不屈不挠的斗争。同时，他们也一直同清朝政府在政教方面保持着特殊的往来和联系。康熙三十七年（1698），阿拉布珠尔为首领的一系土尔扈特以进藏"熬茶礼佛"为名离俄回

国，在藏地居住了几年后，转而在党色尔腾游牧，遂在额济纳河流域居住，使额济纳旗成为清代内蒙古各旗中唯一由土尔扈特蒙古族形成的旗。1771年初，以渥巴锡为首的数十万土尔扈特人全部东归，经过半年的跋涉与征战，于6月6日到达伊犁，回到阔别141年的故乡。

康熙三十七年（1698），阿拉布珠尔陪同母亲、妹妹，率500部众，以"熬茶礼佛"为名离俄进藏。在藏住了5年之久，

其间他们前往北京拜见清朝皇帝，后来借故留下，向朝廷索要栖居地。1704年（康熙四十三年），清廷诏封阿拉布珠尔为固山贝子，赐牧色尔腾草原。在这期间，噶尔丹侵扰，清朝派兵征讨。康熙五十五年（1716），阿拉布珠尔积极向清政府提出要求，并亲自率精兵前往准噶尔，配合清军平息骚乱。同年，阿拉布珠尔去世，他的儿子丹忠袭位，雍正元年（1723），额济纳土尔扈特部在丹忠的率领下，又一次到准噶尔参加平息噶尔丹的战争。两次参战，建立战功。后因故请求内迁，雍正九年（1731），定牧额济纳河。乾隆十八年(1753)，编为独立旗，授札萨克印，为额济纳土尔扈特旗，直属理藩院。阿拉布珠尔的回国，在中国历史上写下了浓重的一笔，他是额济纳土尔扈特部形成的奠基人和先

祖。而且，从一系列事情来看，这一回归行动是一种投石问路的试探，对于留在伏尔加河畔的土尔扈特人不能不产生影响。阿玉奇汗苦心经营，静观默察。康熙五十三年（1714），清政府派出以内阁侍读图理琛为首的使团抵达阿玉奇的驻地，说想要将阿拉布珠尔遣回，阿玉奇和纳扎玛穆特说："阿拉布珠尔已受重禄，并有了栖居之地，我们是很放心的"。"清代内蒙古各旗中唯一由土尔扈特蒙古族形成的旗是额济纳旗。它的形成，有着一段特殊的历程……。额济纳旗土尔扈特蒙古族是土尔扈特部万里东归的先驱。这是他们的骄傲和自豪所在。"在远离祖国的伏尔加河畔，土尔扈特人一面与清政府保持着联系，一面与俄罗斯人周旋，直到阿玉奇汗的重孙渥巴锡在计划东归的前3年，要求整个部落不生育孩子，不蓄养幼畜，家家户户制作奶酪、干肉。乾隆三十六年（1771）一月五日（农历），数十万部众突然撤离。土尔扈特人扶老携幼，赶着牲畜，战胜瘟疫，冲破沙俄、哈萨克和吉尔吉斯人的追截和劫掠，越过"无滴水寸草的大戈壁"，尽管人畜损失过半，仍于同年六月六日（农历）到达伊犁。这就是渥巴锡汗（阿拉布珠尔的侄孙）经过周密准备的东归。电视连续剧《东归英雄》就表现了这一历史壮举的英雄豪气和爱国主义精神。阿拉布珠尔作为一个探路者和东归的先驱，不断把信息传递到遥远的伏尔加河畔，那里的土尔扈特人对"太阳升起的东方"向往之情与日俱增。4代人筹划，73年的准备。180天的跋涉，万里的征战。使得第二批土尔扈特人全部回归，在历史上写下了惊天地、泣鬼神的悲壮的篇章。

任何一个民族，如果没有爱国的追求、统一的意志、坚定的信念，那只能是一盘散沙，也谈不上有什么发展。如果没有与环境协调、和谐发展的能力，那就难以生存下去。土尔扈特人的西迁、东归和数百年的历程，就是一部意志力、协调力的史诗。回想起来，能使我们得到众多的启迪。 和平、发展是幸福生活的基石，

因而也是追求的目标，而且，这个目标是民族全体成员的共同愿望。当年为了避开战乱，我们的祖先远离故土，那是多么无奈！瞅准时机，毅然回归，战斗，牺牲，又是何其悲壮！300年来，尽管历经风雨坎坷，但仍然繁衍生息，不断进步、发展，这又是何等的执着！共同的愿望就是维系全民族的纽带，土尔扈特部数十万人万里大迁徙，最具震撼力的，当属这种统一的意志和信念。思念故土，爱国爱家的精神，具有深远的历史意义和巨大的现实意义。在异国他乡，土尔扈特人建立起自己的汗国，并为维护自己的信仰和尊严，与沙俄进行不屈不挠的斗争。且与清政府一直保持着联系，辗转万里请安表贡，贸易往来。进而离俄进藏，熬茶礼佛，流连盘桓，请求内附。最终重新回到中国臣民的行列，维护了祖国的完整统一和各民族的大团结，也为中华民族统一和发展做出了巨大的贡献。审时度势，抓住机遇，迎接挑战是先辈留给我们的又一宝贵财富。我们的先辈在外国的土地上巧于斡旋，精心调整和改善与外界的关系；同时派人进藏"熬茶礼佛"与清政府联络，表现出政治上的远见卓识和策略上的灵活机智。

中华人民共和国成立前，额济纳土尔扈特第十二代王爷塔旺嘉布结识了中共地下工作者苏剑啸和周仁山同志，在白色恐怖中救助他们安全转移。最后，毅然脱离国民党政府，亲自给毛主席、朱德总司令通电，宣布起义，实现了额济纳旗的和平解放。中华人民共和国成立后，为了国防科研和航天事业，塔旺加布旗长及

其子额尔登格日勒副旗长亲自动员全旗牧民，把最好的草场献了出来，连旗政府所在地也进行了搬迁。额济纳土尔扈特部回归祖国已 300 多年，渥巴锡系土尔扈特部万里东归也有 230 余年之久，在历史进程中，他们为生存、生活，或颠沛流离，或刀枪剑戟，艰苦卓绝、英勇顽强，培育了代代相传的爱国情愫，民族传统历久弥坚。

300 多年前，中国土尔扈特蒙古人的祖先从伏尔加河畔起程，"向着太阳升起的东方"浴血东归。今天，他们后代阔步 21 世纪，在中国共产党领导下，正满怀航天英雄太空行走的豪迈和胜利返回的喜悦，为东方巨龙的腾飞、辉煌历史的再现高歌猛进！

参考书目

1．郭雨桥著：《郭氏蒙古通》，作家出版社 1999 年版。

2．陈寿朋著：《草原文化的生态魂》，人民出版社 2007 年版。

3．邓九刚著：《茶叶之路》，内蒙古人民出版社 2000 年版。

4．杰克·威泽弗德（美）：《成吉思汗与今日世界之形成》，重庆出版社 2009 年版。

5．度阴山：《成吉思汗：意志征服世界》，北京联合出版公司 2015 年出版。

6．提姆·谢韦伦（英）：《寻找成吉思汗》，重庆出版社 2005 年出版。

7．宝力格编著：《话说草原》，内蒙古大学出版社 2012 年版。

8．雷纳·格鲁塞（法）著，龚钺译：《蒙古帝国史》，商务印书馆 1989 年版。

9．王国维校注：《蒙鞑备录笺注》，（石印线装本）

10．余太山编、许全胜注：《黑鞑事略校注》，兰州大学出版社 2014 年版。

11．朱风、贾敬颜（译）：《蒙古黄金史纲》，内蒙古人民出版社 1985 年版。

12．额尔登泰、乌云达赉校勘：《蒙古秘史》，内蒙古人民出版社 1980 年版。

13．（清）萨囊彻辰著：《蒙古源流》，道润梯步译校，内蒙古人民出版社 1980 年版。

14．郝益东著：《草原天道》，中信出版社 2012 年版。

15．刘建禄著：《草原文史漫笔》，内蒙古人民出版社 2012 年版。

16．道尔吉、梁一孺、赵永铣编译评注：《蒙古族历代文学作品选》，内蒙古人民出版社 1980 年版。

17．《蒙古族文学史》：辽宁民族出版社 1994 年版。

18．王景志著：《中国蒙古族舞蹈艺术论》，内蒙古大学出版社 2009 年版。

19．郭永明、巴雅尔、赵星、东晴《鄂尔多斯民歌》，内蒙古人民出版社 1979 年版。

20．那顺德力格尔主编：《北中国情谣》，中国对外翻译出版公司 1997 年版。

后记

经过反复修改、审核、校对，这套《草原民俗风情漫话》即将付梓。在这里，编者向在本套丛书编写过程中，大力支持和友情提供文字资料、精美图片的单位、个人表示感谢：

首先感谢内蒙古人民出版社资料室、内蒙古图书馆提供文字资料；

感谢内蒙古饭店、格日勒阿妈奶茶馆在继《请到草原来》系列之《走遍内蒙古》《吃遍内蒙古》之后再次提供图片；

感谢内蒙古锡林浩特市西乌珠穆沁旗"男儿三艺"博物馆的工作人员提供帮助，让编者单独拍摄；

感谢鄂尔多斯市旅游发展委员会友情提供的2016"鄂尔多斯美"旅游摄影大赛获奖作品中的精美图片；

感谢内蒙古武川县青克尔牧家乐演艺中心王补祥先生，在该演艺中心《一代天骄》剧组演出期间友情提供的"零距离、无限次"的拍摄条件以及吃、住、行等精心安排和热情接待；

特别鸣谢来自呼和浩特市容天艺德舞蹈培训机构的"金牌"舞蹈老师彭媛女士提供的个人影像特写；

感谢西乌珠穆沁旗妇联主席桃日大姐友情提供的图片；

感谢内蒙古奈迪民族服饰有限公司在采风拍摄过程中提供的服装和图片；

感谢神华集团包神铁路有限责任公司汪爱君女士放弃休息时间，驾车引领编者往返于多个采风单位；

感谢袁双进、谢澎、马日平、甄宝强、刘忠谦、王彦琴、梁生荣等各位摄影爱好者及老师，在百忙之中友情提供的大量精心挑选的精美图片以及尚泽青同学的手绘插图。

另外，本套丛书在编写过程中，参阅了大量的文献、书刊以及网络参考资料，各分册丛书中，所有采用的人名、地名及相关的蒙古语汉译名称，在章节和段落中或有译名文字的不同表达，其表述文字均以参考书目及相关资料中的原作为准，不再另行修正或校注说明，若有不足和不当之处，敬请读者批评指正和多加谅解。